区域经济发展青年学者论丛

The Development Path of Marine Finance in Ningbo

海洋金融
宁波发展路径研究

朱孟进　刘平　郝立亚　著

经济管理出版社
ECONOMY & MANAGEMENT PUBLISHING HOUSE

丛书编委会名单

主　编：肖　文

副主编：马　翔

编　委：【按姓氏拼音排序】

樊丽淑　赓金洲　郝立亚　姜丽花

李雪艳　刘　彬　娄赤刚　王　培

吴标兵　张　炯　朱孟进

总　序

　　改革开放以来，我国各地区依托自身优势，形成了富有本土特色的地方经济，先后出现了"温州模式"、"苏南模式"、"珠三角模式"等诸多经济发展模式。21世纪伊始，我国又陆续出台了西部大开发、中部崛起、振兴东北老工业基地等一系列促进区域经济发展的战略。近年来，国家先后实施了珠江三角洲、长江三角洲、天津滨海新区、重庆两江新区、舟山群岛新区等多个区域型经济发展的国家战略。最近，国家又推出了"丝绸之路经济带"和"21世纪海上丝绸之路"的"一带一路"战略。但是不容忽视的是，我国地域辽阔导致自然地理资源差异巨大、工业化发展使得环境不堪负重、金融危机之后国际经济形势尚未明朗以及经济发展进程中的转型升级困境等问题日益凸显，如何使这些区域经济发展战略能够更好地落到实处、产生更大的成效，已经成为当前的一个热点问题，该系列命题不仅是区域经济学研究的重点，更是研究的难点。

　　国内对区域经济发展的理论研究起步较晚，而且现阶段的研究多是着重对策建议，忽视了区域经济发展的基础理论研究，同时在研究方法上与国外学术前沿相比亦存在一定差距。"区域经济发展青年学者论丛"系列丛书，一方面突出研究的系统性，重视经济学理论方法和数量分析方法的介绍和应用；另一方面兼顾应用性，立足于我国区域经济发展的现实问题，尽可能使研究对象本土化、研究成果能落地。在研究方法上，丛书对接国外学术前沿，引入西方学术前沿主流的数量经济学研究方法，尽可能做到以最先进的方法研究最本土的区域经济问题。在研究内容上，丛书基于宏观层面、中观层面、微观层面，利用数量分析的方法来剖析我国区域经济发展过程中的实际问题，兼顾理论体系与实际问题，努力构建一个结构严谨的整体分析框架和学科体系，具体体现在四个方面：

一是创新驱动推动区域经济转型。丛书从技术进步与产业结构变迁视角分析了技术进步、科技服务业发展的动因、影响及机制，讨论了技术标准化与技术创新、经济增长的互动机理及测度问题。通过这些命题的研究为创新驱动相关研究提供一个新视角、新路径及新模式。

二是企业竞争优势培育推动区域经济转型。丛书在微观上强化对企业管理、企业绩效、人力资本、企业竞争力等核心问题的研究，体现在：从企业知识管理构面研究知识管理与绩效关系；从人力资本视角研究中国要素收入分配导向；从企业家特质性视角研究企业家特质与企业竞争力培育。这些微观命题研究为区域经济转型发展提供了新案例、新观念及新举措。

三是区域经济发展的数理基础及其应用。丛书强化了数量研究基础及其应用，着重研究了随机波动与半参数估计方法在区域经济发展中的应用问题，体现在：基于蒙特卡洛模拟的金融随机波动模型及应用研究；带异方差情形的平均处理效应的半参数估计及其实证研究。这两大数理方法为研究区域经济发展转型问题提供了新的理论基础与研究方法。

四是区域服务业发展的最新趋势与竞争优势培育。丛书以浙江省和宁波市为例，系统研究了浙江省服务贸易、宁波海洋金融、宁波服务外包等区域服务业发展问题。重点讨论了浙江省服务业与服务贸易发展的新特点、新趋势与新路径；结合浙江海洋经济发展示范区国家战略研究了宁波发展海洋金融的路径问题；从服务外包园区视角讨论了服务业国际化时代宁波服务外包园区竞争优势培育的创新路径与对策。这些命题研究既有案例，又有经验总结；既有路径分析，又有模式提炼，为其他区域经济转型与发展提供了很好的借鉴。

　　本丛书是"区域经济学"宁波市重点学科建设的阶段性成果。浙江大学宁波理工学院经济与贸易学院长期致力于区域经济发展的理论和实践研究，期望以此为平台，不断总结和拓展区域经济发展领域的优秀研究成果，推动理论创新，为中国区域经济转型尽一份力。

肖　文

2015 年 5 月于浙江大学

前　言

　　本书献礼宁波市金融研究院成立3周年，亦是浙江省哲学社会科学研究项目"浙江海洋开发投融资平台研究"（项目编号：12XKGJ23）的后续成果之一，也是宁波市金融研究院海洋金融研究所全体同仁长期潜心研究的部分成果展示。本书以宁波为蓝本，分析海洋经济发展总貌和部分重点行业发展特征，探讨近年来金融支持宁波海洋经济重点行业的现状和面临制约，结合国际经验，提出宁波海洋金融的发展目标、趋势，以及制度保障和政策建议。

　　本书的撰写得到了多个部门、多位专家学者的大力帮助与支持。特别感谢宁波市金融办、宁波市社会科学院、宁波保税区财政局近年来给予的课题和项目支持，使得我们有机会深入调研宁波海洋经济发展和金融支持状况；感谢浙江大学经济学院博士生导师肖文教授作为总策划人推动区域经济发展青年学者论丛出版并为本书作序；感谢浙江大学宁波理工学院经贸学院林承亮教授为本书构建框架提供了积极的建设性意见；感谢浙江大学宁波理工学院三江学者孙伍琴教授积极推动本书写作并亲自撰写第七章内容；感谢浙江大学宁波理工学院副教授马翔博士、王培博士、郝立亚博士，以及浙江越秀外国语学院刘平老师共同参与本书的调研、讨论和撰写。

　　本书较为全面地探讨了金融支持宁波海洋经济重点领域的态势，大部分资料基于各位撰稿人的长期积累和课题研究。但是，由于宁波海洋经济发展日新月异，以及近年来海洋口径的部分统计数据更新存在一定困难，我们的研究难免对新现象、新问题不能全部涵盖，敬请学术界和实务界的专家提出宝贵意见，以便我们在海洋金融研究的道路上不断前行。

朱孟进

2015 年 9 月 29 日

目　录

目　录

第一章 海洋金融学术前沿与国际经验

宁波——我国东部沿海重要的国际化港口城市,地处中国大陆海岸线中部,独具连接东西、辐射南北的区位优势,不仅是"丝绸之路经济带"与"海上丝绸之路"的交汇点,而且也是沿海经济带与长江经济带的重要节点。宁波全市陆域面积9816平方公里,海域总面积9758平方公里,岸线总长为1562公里,占浙江全省岸线30%以上,其中可用岸线872公里,深水岸线170公里。宁波发展海洋经济具有得天独厚的资源优势和区位优势,海洋经济在宁波国民经济发展中占有举足轻重的位置。2011年,国务院批复的《浙江海洋经济发展示范区规划》中,宁波更是被明确列为浙江海洋经济发展示范区的核心区,在推动浙江海洋经济发展中具有极其重要的战略地位。

金融作为支持和促进经济发展的重要因素已经被普遍认识。在宁波海洋经济的各个领域,一直以来,传统的海洋渔业、港口业、航运业等,正是在金融的支持和保障下得以不断成长壮大;而近年来兴起的海洋工程装备、海岛开发、海洋高技术产业等,则不仅需要依赖传统金融的有力支持,更需要金融创新产品、创新手段对产业的有效激发。那么,金融在支持宁波海洋经济发展的过程中发挥了怎样的作用?其实施路径和作用效果如何?目前存在着怎样的制约和不足?对照发达国家和地区经验,又该有怎样的发展路径和前景?这些都是本书将要探讨的话题。我们也希望借此抛砖引玉,引发理论界和实务界对金融支持我国海洋经济发展的更多研究、发掘和实践,共同促进我国从海洋大国向海洋强国迈进的宏大战略目标早日实现。

随着 21 世纪中国海洋发展战略的提出，海洋金融这个概念开始出现并迅速在国内得到广泛应用。在国外，虽然没有海洋金融这样一个明确的概念，但一直以来金融在为海洋经济服务中发挥了重要的作用。本章通过整理和分析国内外最新研究文献，梳理金融在海洋经济发展中的重要作用和运行模式，总结海洋经济发达国家在合理运用和充分发挥金融支持手段方面的经验，为宁波乃至我国海洋金融发展提供可资借鉴的依据。

第一节　海洋金融的含义

海洋经济是开发利用海洋的各类产业及相关经济活动的总和①。具体而言，是指以临港、沿海、海洋产业发展为核心，以科学开发海洋资源和保护生态环境为导向，以经济、文化、社会、生态协调发展为前提，具有较强综合竞争力的经济。打造海洋经济，是面向未来、应对挑战、建设海洋世纪的重大战略决策。

金融是现代经济的核心，是连接各种要素市场的纽带，金融资源的合理有效配置能够提高市场资源的配置效率，更好地促进经济的持续发展、产业结构的调整和优化，不断提升市场的竞争力。因此，金融理应在海洋经济建设中发挥强有力的助推器作用，促进海洋经济的有效发展；同时，海洋经济战略的实施，也为金融业发展提供了更加广阔的空间和更为高效便捷的载体，给金融业的成长壮大带来了历史性的机遇。

海洋金融，目前国内外尚无明确的定义。但是置身于产业金融的范畴之内考虑，海洋金融理应是产业金融的一个具体实施领域，它与房地产金融、汽车金融一样，都是产业金融的一个子集。基于此，我

---

① 源自国务院 2013 年颁发的《全国海洋经济发展规划纲要》。

们有必要先阐释"产业金融"的内涵。

所谓产业金融，从狭义上理解，是指基于特定产业，并为特定产业服务的所有金融活动总称。这里的特定产业需满足两个条件：①该产业在国民经济中占据重要地位；②该产业的金融需求与金融系统的供给不能相匹配，需要发展产业金融来满足产业的需求。而广义上，产业金融则是相对于金融产业而言的，它是站在产业的角度，指产业发展的各个阶段对金融活动的需求。本章仅基于狭义的产业金融，提出海洋金融的概念。

海洋金融是指在海洋产业政策下，依托海洋产业，并为海洋产业服务的所有金融活动的总称。包括融资、保险、结算、衍生品交易等金融手段。

海洋金融作为产业金融的一个子集能够得以成立，是基于国家提出的振兴海洋战略。在此背景下，海洋产业的发展得到了空前的重视，为海洋金融的产生和发展奠定了基础。众所周知，海洋产业既包括传统产业，如海洋捕捞、水产品加工、修造船、海洋运输、滨海旅游等；也包括新兴产业，如海洋潮汐能发电、海洋生物制药、海洋勘探、深海养殖等。近年来，在国家政策推动下，绝大部分海洋产业都存在加速发展的潜在需求，由此引致其不断增长的金融需求与金融供给不相匹配的矛盾日益突出。如传统产业中的远洋航运，是技术与资本均高度密集的产业，其成长、发展和壮大离不开金融资本的长期稳定支持。但是在国际经济周期波动的背景下，当前全球航运业陷入低谷，金融业出于谨慎原则不愿意再向其提供支持，航运金融的供求出现了严重的不匹配。又如海洋新兴科技型产业，其面临的金融缺口更加显著，对于处于初创期的海洋战略新兴产业，由于研发周期长、风险大，传统金融机构一般都不愿意介入，产业发展面临着资金严重不足的困扰。因此，需要发展专门为海洋产业服务的金融机构、金融产品和金融创新，以支持海洋经济发展的需要，支持实现振兴海洋的国家战略。

第二节 金融支持海洋经济的理论依据

一、金融支持产业发展的相关理论

研究金融发展与经济增长关系的学问称为金融发展理论。根据研究层次的不同，分为微观层面和宏观层面。微观层面侧重研究金融体系与微观企业绩效之间的关系；宏观层面则着重从国家或产业角度，研究金融发展与经济绩效的关系。本篇基于宏观层面的角度，根据思想流派和研究视角的不同，对经典理论进行介绍，主要分为：金融深化理论、金融结构理论和金融功能理论。

（一）金融深化理论

金融深化理论又称金融抑制理论，强调价格（利率）变量对理解金融发展和经济绩效的重要性。由 McKinnon（1973）和 Shaw（1973）共同提出，虽然他们分析问题的角度不同。McKinnon 的"渠道效应论"强调发展中国家存在货币持有与资本积累的互补性，正的实际利率是激励投资主体进行货币余额积累与投资的必要条件。Shaw 的"债务媒介论"强调，正的实际利率对储蓄的促进作用，以及对低效益项目投资的约束效果。两位学者得到了一致的结论：存在金融抑制的发展中国家，应该积极推行金融自由化，提高实际利率，开放金融市场，以增加储蓄和投资，提高投资效率，促进经济增长。

金融发展促进经济增长的三种机制，一是金融发展促进更高比例的储蓄被转化为投资从而促进经济增长。金融体系的第一种重要功能是把储蓄转化为投资。金融发展使金融部门在储蓄转化的过程中，自身所吸收的资源减少，而使得储蓄中转化为投资的比例提高，从而提高了经济增长率。二是金融发展促进资本配置效率提高从而促进经济增长。金融体系的第二种功能是把资金配置到资本边际产出最高的项目中去。而这种资金配置能力得益于金融体系的三种功能，即信息功能、分散投资功能和促进创新功能。基于这三种功能，盈余部门的资金才能在金融机构的帮助下投向最具发展潜力的部门，从而促进经济增长。三是金融机构和金融市场的发展改变储蓄率从而促进经济增长。随着金融市场的发展。家庭能够更好地对意外冲击进行保险和对收益率风险进行分散，减少了家庭财产受损的概率，同时更易于获得消费信贷。金融发展也使厂商所支付的利率和家庭所收取利息的差距进一步缩小。这些因素都对储蓄行为产生正向影响。

（二）金融结构理论

金融结构论强调金融的规模与结构的差异是解释各国金融发展和经济绩效差异的关键因素。该理论认为：一国金融工具的规模和金融机构的数量以及他们之间的结构比率反映了这个国家的金融发展水平，而金融发展水平的高低又和经济发展水平存在着紧密的联系。

Goldsmith（1969）的著作《金融结构与经济发展》系统阐述了一国金融结构与经济发展的关系，被誉为现代金融发展理论的奠基之作。他认为，"金融发展就是金融结构的变化"。各国金融结构的差异反映了金融发展水平的差异。弄清金融发展与经济发展的因果关系，是一个十分重要的问题。他认为，从理论上，金融发展促进经济增长的作用机制可以解释为：金融机构为储蓄者提供了储蓄工具，从而可以有效地动员储蓄，将社会闲散资金聚集起来；金融机构能够有效地将聚集起来的资金分配给收益率较高的投资项目，从而使平均的投资效率得以提高。Goldsmith（1969）列出了 8 个指标用来度量金融的规模和结构。其中，最重要的一个指标是金融相关比率（FIR），是指全部金融资产与全部实物资产（即国民财富）价值之比，这是衡量金融相对规模最广义的指标。

（三）金融功能理论

金融功能论着重分析各种金融体系对经济发展提供的服务和功

能。第一代金融——增长模型只是将金融变量简单地处理为外生变量，对金融发展和经济增长相互作用的复杂机制缺少解释力。20 世纪 90 年代，随着内生经济增长理论的兴起，形成了第二代金融——增长模型，其显著特点是引入外部性、规模收益递增和质量阶梯等技术，将金融变量内生化，进一步揭示金融发展影响经济增长的机制。

Levine（1997）详细总结了金融的功能和影响经济的渠道。认为金融体系具有五种功能：隔离、分散或汇集风险的功能；配置资源功能；监督管理者和改进公司治理功能；加强储蓄流动性功能；促进产品和服务交换功能。金融发展内生于经济发展的过程当中，它们通过金融功能相互联结：信息成本和交易成本等市场促使了金融市场和中介的产生和发展，金融市场和中介通过提供各种功能，又促进经济增长，而经济增长又对金融产生新的需求，又促进了金融发展。金融发展影响经济增长的渠道主要有两条：一是资本外部性和规模报酬递增导致稳态人均资本和人均产出的持续增长（Barro，1997），金融功能通过影响资本积累率促进经济增长；二是新技术和新产品的发明是推动稳态经济增长的引擎（Barro，1990；Grossman and Helpman，1991），金融体系的功能通过影响技术创新率促进经济增长。

二、金融支持海洋经济发展机理

通过多层次资本市场，为海洋经济实体企业提供资本，是金融推动海洋经济发展的核心。融资是资本市场最主要的功能，而资金短缺是当前企业面临的最大困境，尤其是涉海类企业。在信贷压力不断扩大、IPO 门槛提高，而企业转型升级资金需求日益提升的情况下，通过有效引导企业分层次地参与"地区股权交易"、"新三板"等场外业务和包括主板、中小板、创业板等场内业务，借助小微贷等金融产品，缓解涉海企业的资金压力，实现规模扩张和能力提升等转型升级要务，进而形成区域海洋经济的内源性增长。

通过生产性的金融服务开发，为港航物流环节提供推动力，是金融推动海洋经济发展的枢纽。对于海洋生产性企业而言，金融系统还为整个经济系统提供服务工作，特别是立足商贸、流通环节，金融的作用非常重大。港航物流业立足国内和国际两个市场，金融在支付工具、信用担保、保险对冲、融资租赁等众多环节起到关键性作用。特别是伴随全球经济一体化以及全球价值链的整合，以供应链金融为代表的新型流通金融服务将为区域海洋经济发展提供衔接生产与流通的枢纽，成为新的增长极。

通过安全性的金融防范系统，为区域海洋经济化解危机，是金融推动海洋经济发展的保障。由于资本天生的逐利性，面对地区经济之间、产业经济之间的落差，资本将会自发寻找套利的空间和机会，国际资本的"热钱"、国内众多"产业基金"都会对地区的海洋实体产业带来冲击，从而形成价格涨落，引发经济波动，甚至造成经济泡沫，为经济发展带来威胁。而此时，金融防范体系就显得尤为重要。通过金融政策制定、金融监管系统的运行，保障地区海洋经济平稳发展，将是区域金融体系的重要任务。

第三节　海洋金融国内外研究综述

一、国外研究

（一）海洋经济投融资

1. 沿海经济带

关于沿海经济区以及海岸带发展的投融资，世界沿海国家对其的实践已经经历了相当长的时间，实际操作经验比较丰富。如美国"双岸"经济带产业集群发展过程中，美国完善的风险投资市场对技术创新的支持和贡献不容抹杀。加州政府颁布的《2003年风险投资法》，努力吸引有关的风险投资机构积极投资于这些沿海地区的小企业，鼓励这些地区风险投资业的发展，进而促进地区经济的综合增长，提高就业率。日本在区域开发过程中也采取了制定第一次到第四次的全国综合开发计划，对沿海开发地区给予税收的优惠和公共政策的倾斜等政策措施。

2. 海港经济区

海港经济区的融资渠道，一是政府资助。Barro R.（1992）认为政府资助主要是指政府投资港口建设，而且其资助形式也具备多样化，包括直接投资、港口投资补贴、允许或代替港口直接征税、无偿提供航道疏浚、航标设置等服务，提供各种财政优惠如免税、低息贷款等。政府资助港口建设的强度和力度因国家和地区的不同而有所区别。近年来，随着全球经济一体化的发展，港口经济的带动作用，以及港口项目的开发和其他融资渠道的拓展，政府资助部分资金正在逐渐减少。二是港口自有资金。国外港口发展建设资金中，港口自有资金是重要的资金来源。而港口自有资金主要包括以下两部分：①港口的经营利润；②港口自有设备、原有基础设施乃至土地的转让或出租所得的资金。Associated British Ports（1993）显示，英国港埠联盟当年获得 1090 万英镑利息收入，占其总利润的 11%。三是借款和发行证券。主要有以下三种形式：向国际开发机构借款，如向世界银行、开发银行借款；向私有金融机构贷款，如向商业银行、养老基金和保险公司等；通过发行各种债券、股票将社会上的闲散资金集中起来作为港口建设资金。Christopher J.（2000）对港口建设过程中如何利用债券、股票以及民间投资等方式获得建设所需资金的问题及相关比例进行了分析。但 Byrne、Sipsas 和 Thompson（1996）的研究指出，股权融资是港口融资中成本最高的一种，应尽量避免采用此种融资方式。四是 BOT 形式。Arturo Israel（1992）研究企业从政府那里获得港口项目的建造和经营特许权，由该企业负责设计、建造、融资和运营，在特许期内通过运营收入来偿还贷款和利息，并获得收益。在期满后，将整个项目无偿或者以象征性价格交还给政府。五是港口用户投资。出于方便自身贸易生产活动的需要，很多港口用户（主要是生产制造企业、船舶运输企业）投资建设港口码头。Mizutani（1997）将港口投资者分为两类，即国际港口运营商和班轮公司，前者是为了追求投资回报，后者则出于产业链拓展的需要。除了以上的港口投融资渠道外，还有通过收购、合资以及建立基金等方式获取港口建设资金。

近年国外研究中，很多学者认为港口民营化是解决港口建设资金的一个重要途径。Alfred J. Baird 和 Vincent F. Valentine（2007）的研究显示，港口民营化经营是各国在港口管理方面的一个共同选择。可以广泛吸纳社会资金，减轻财政负担。由私营企业投资建造和经营港口项目或购买现有设施经营权，可以减少公共投资的风险，增加政府收入，使政府盘活资金，投资于其他更需要的领域。

3. 海洋保护区

关于海洋保护区的可持续性融资，Gallegos、Vaahters 和 Wolfs（2005）将之定义为：致力于海洋保护的多元化和稳定的金融机制的组合，通过短期和长期收入的结合来弥补海洋保护区的经营性成本和保护性成本。Spergel 和 Moye（2004）对海洋保护的融资渠道进行了详细的研究，提出了 30 多种关于海洋保护的具体融资方式。Dianne Draper（2001）提出了社区参与保护区方式中有关教育、资金和法律等问题，其中较为重要的是从保护野生动植物的受益者和受损者的角度出发，提出一系列自然保护区获得资金及使用资金的方式。Gallegos、Vaahters 和 Wolfs（2005）分三个层面提出保护区的融资机制，其中国际层面包括多边发展银行、捐赠、环境基金和债务替代资源机制；国家层面则包括政府债券和税收、政府特别项目、民间投资和渔业收入；地方层面包括社区行动、建立生态服务市场和旅游业收入等。Balmford（2004）估算了满足最低保育标准的海洋保护区的成本收益比可达到 1∶100，指出若非当今世界海洋保护区建设投入不足，海洋保护区经济效益将更加可观。从经济学角度看，一个覆盖面广泛的全球海洋保护区网络建设在理论上是可行的，而且有利于实现收益最大化。Domeier（2002）认为，对海洋保护区而言，可持续性的融资机制具有重要作用，不仅可以拓宽当地收入渠道，激励经济发展，促进企业发展的协调性等，还可以为海洋保护提供资源和动力。Gallegos、Wolfs 和 Vaahtera（2005）针对如何衡量海洋保护区可持续融资，从金融、环境、社会、法律、政治、管理六个层面提出了指标，并列示了各指标体系下的具体指标。

4. 海洋产业

关于海洋运输产业的融资机制，Asteris（2009）提出了要从公平的角度来改革"使用者支付"这一灯标费制度，以及如何促进航海业的资金支持。Dikos（2004）通过建立动态估计模型，对市场出清条件下的船舶投资决策进行了分析。Bendall 和 Stent（2004）提出了应用期权分析方法，在不确定情况下对海洋船舶投资战略的灵活性进行价值评估。Syriopulos（2007）针对希腊的远洋船舶融资，阐述了一系列新型金融创新工具，其中包括 IPO、辛迪加贷款、船舶租赁、股权融资、银行信贷、私人股权投资、高收益债券等。

Israel（1999）对海洋渔业发展中的金融支持进行了考察，得出了金融支持菲律宾海洋渔业研发中存在的一系列问题，比如政府扶持不够、公共资金投入过少、私人参与渔业的积极性低、缺乏外商投资、预算管理不协调等问题。Coffey 和 Baldock（2000）分析了欧盟渔业部门补贴的主要资金来源渠道。

Winskel（2007）研究了在海洋能源产业的创新中，各类资本的不同参与方式，指出除了政府投资和金融机构支持以外，私人资本的投资也发挥着重要的作用。

Karmakar（2009）研究了 NABARD（农村农业发展银行）支持印度国内海洋食品产业的各种非信贷和信贷融资机制。

Pugh 和 Skinner（2002）针对英国的海洋科学研究项目中的资金支持问题进行了研究，结果显示，英国 2/3 的海洋支持资金来自政府机构及其他公共部门，1/4 来自企业、贸易组织等私人部门，剩余的资金来自捐赠和慈善事业。其中，海洋生命科学领域吸引到的资金最多，占资金总额的 1/3 以上。

（二）海上保险动态进展

1. 渔业保险

Wright 和 Hewitt（1990）通过对历史上各国农（渔）业保险实践的研究，发现无论是通过个人还是商业性保险公司来经营农（渔）业保险，其最终都以失败告终。对于市场失灵的原因，Miranda 和 Glauber（1997）研究了多家农业保险公司的保险支出金额的变动情况，发现农（渔）业保险的风险约是普通保险的 10 倍，因此商业性保险公司不能有效提供农（渔）业保险。

渔船保险是渔业保险的重要内容之一，作为渔民出海捕鱼的主要工具，渔船面临的风险与海上运输的船舶有较大的相似之处。渔船保险可以追溯到海上保险之保赔保险范畴。Harwood（1999）、Kingsely（1988）对保赔保险起源、保赔协会组织结构、入会要求、保赔范围、会员合同、保费构成以及保赔协会的发展现状进行了全面的介绍。许多文献从法律的角度研究保赔协会法律地位（Hopkins，2000）、保赔保险合同性质（Parkington，1988）等。三宅哲夫（1999）对日本政府的渔船保险政策、渔船保险组织的结构、渔船保险的种类等做了较为全面系统的阐述；Van Anrooy 等（2009）认为海洋捕捞是高风险行业，保险对处于危险状态中的渔民是必需的。FAO（联合国粮农组织）的数据则表明，在北美、南美、欧洲和大洋洲国家，渔船保险市场中，大型综合性商业保险公司占据主要地位，互助共济型保险也发挥着重要作用。在大洋洲、欧洲和亚洲的日本，各种类型的渔船可以参加保险，而在南美、中国、印度和非洲，大多数渔船为小型渔船，这些渔船参加保险是非常困难的。John Kurien 和 Antonyto Paul（2001）通过对印度西南部喀拉拉邦出海渔民住房、财产、人身安全、教育与卫生状况的调查发现，出海渔民面临较高的死亡风险，在

1986~1998 年，在喀拉拉邦玛斯塔亚沿海，死于海上风险的渔民有 1096 人，这意味着每 4 天就有 1 人死亡。此外，渔民还面临着渔船损失威胁。基于此，Kurien 和 Paul（2001）建议应将渔民纳入社会保障安全网。

水产养殖物保险是渔业保险的另一个重要方面。Van Anrooy（2006）在分析海洋水产养殖保险时指出，水产养殖面临严峻风险，全球海水养殖保险需求与供给之间存在巨大的缺口，尤其是在亚洲大部分地区、南美以及非洲撒哈拉以南地区几乎没有保险人愿意提供水产养殖保险服务。Scholtens B. 和 Wensveen D.（2000）以日本和韩国为例研究发现，海洋渔业较为发达的国家基本上都会通过采取立法强制保障、政府出资引导、国库负担补贴等方式来鼓励海洋渔业保险的发展。中国台湾地区的林晋民（2004）利用参数检定法，以台湾海鳗网箱养殖生产者为对象，模拟分析了保险制度对台湾海鳗网箱养殖生产者决策的影响。结果显示：实施保险制度后，不论养殖者的风险厌恶程度和风险规避程度高低，其单位最适饲料投入量皆呈现上升情形，说明参与保险使养殖户出现了生产风险降低，然而道德风险却上升的趋势。

2. 航运保险

Noussia（2007）详尽分析了英国海上保险的产生、发展和演变历史，以及英国《海上保险法》颁布的政策原因和法律框架，对比希腊、挪威、美国等航运发达国家的海上保险历史和法律框架，得出的结论是：在海上保险方面，英国法律曾对其他国家的法律体系产生了重要影响。Jim Mi Jimmy NG（2010）等的研究也佐证了上述观点，他们认为，英国 1906 年的《海上保险法》具有重要的历史地位和世界影响力。它是多个国家和地区海上保险法的立法基础和参考依据，如新加坡（1993）、加拿大（1993）、新西兰（1908）、澳大利亚（1909）、马来西亚（1956）、香港地区（1964），等等。

为了确保海运安全，尽可能降低海上运输的风险，世界各国对于船舶的登记、技术检验及监督有着非常严格的规定，各国的船级社承担着船舶的检验、入级和发证工作，只有通过了船级社的一系列检验，船舶才能获得登记和营运的资格，才能成为海上保险的承保对象。目前，世界上影响较大的船级社有 10 家：英国劳氏船级社；法国、意大利、美国、挪威、韩国、中国船级社；德国劳氏船级社；日本海事协会；俄罗斯船舶登记局。D. J. Eyres（2007）认为，船级社发布的有关规则在一定程度上促使船舶结构更加完整，安全运行的可靠性更高，降低了海运的风险。各国的船级社可能在具体的规定上有所差异，但它们之间的互补以及通用性共同维护着海上运输的安全。Philippe Boisson（1994）在研究中指出，船级社最初的作用是将船舶的有关信息提供给承销商和货主，包括航运能力和安全状况，等等。但从 19 世纪后期起，它的角色逐步转向监管和检查。当今船级社的作用日趋国际化，它从多个方面建立技术标准以提高海上运输的安全，包括建设标准和运营标准、技术要求和人为因素等。这些对航运保险的发展起到了很好的支持作用。

二、国内研究

（一）金融与海洋产业发展的互动机制

俞立平（2013）首先从理论上研究了金融与海洋经济的互动机制，一方面，海洋经济发展离不开金融支持；另一方面，海洋经济发展对金融也有促进作业，海洋经济的发展，必然带来总量的扩张和质量的提高，会引领追求利润为主的金融资源优先向海洋产业提供服务，为金融发展提供了新的市场和机遇，也是金融发展的新增长点，从而促进金融的发展与进一步繁荣。其次用实证手段，采用格兰杰因果检验、面板数据、面板向量自回归模型分析了金融与海洋经济的互动关系。研究结果表明，金融对海洋经济发展的支持不够，两者的互动效应不够明显，我国海洋经济发展中存在着"金融抑制"现象。

姚剑峰（2012）指出：虽然我国的海洋经济已经取得了长足的

发展，但仍存在着很多因素制约着海洋产业结构进一步的优化升级，金融便是其中的一个重要影响因素。以金融相关率和我国海洋产业高度值为研究对象，通过格兰杰因果关系检验得出金融支持对于海洋产业结构优化存在格兰杰原因，并在此基础上提出政府应为海洋产业的发展营造一个良好的金融环境。

乔俊果（2012）利用 C-D 生产函数拓展模型，基于对 2000 ~ 2008 年间沿海地区的面板数据资料，实证分析了政府海洋科技投入与海洋经济增长之间的关系，研究发现，政府的海洋科技投入对海洋经济增长具有明显的正效应。

唐正康（2011）分析了 20 世纪 90 年代以来，美国、澳大利亚、日本及西欧各国，通过财政拨款、海洋信托基金、财政补贴与信贷支持等手段，投入巨资将海洋资源的勘探研究与开发利用列为国家发展的主要目标，使得海洋产业有了飞速的发展，全球海洋产业对 GDP 的贡献率达到 4%，澳大利亚海洋产业对国民经济贡献率更是达到 8%。

李靖宇（2011）认为海洋经济开发离不开金融的支持和引导，金融的必要性与海洋经济开发的重要性是紧密相关的。金融业已经成为海洋资源配置的核心和宏观调控海洋经济发展的重要手段。海洋经济开发作为 21 世纪中国经济发展的重点，以此带来的海洋产业科技化、多元化，更是需要金融为它的更深入发展提供国际化平台。运行良好的金融体系有助于降低交易成本，积极调节投资，使其投向高效率的生产部门，有效地促进海洋经济增长；借助现代金融业丰富的服务功能，能够为各地区海洋经济发展提供全方位支持，促进各海洋区域内外生产要素的流动。

（二）海洋产业发展的金融支持体系构建

姜旭朝、张继华（2009）阐述了海洋金融体系构建的重要意义，指出海洋经济的可持续发展要坚持金融先行的发展思路，而海洋金融支持体系的构建则是探索海洋经济发展演化本质规律的出发点和理论指引。

李姣（2012）则对海洋金融体系构建给出了较为全面的框架思路，认为海洋金融并非陆域金融理论在海洋领域的简单应用。海洋的特性决定了涉海金融活动必然有着不同于陆域金融特有的特征，其金融体系的构建应有其特有的系统的理论支撑，其内容覆盖海洋金融相关概念及研究范畴的界定、涉海金融发展战略、涉海金融活动决策指标评价体系等各个层面。

武靖州（2012）论述了现行金融体系与海洋经济发展需求不相匹配之处：一方面是海洋经济发展需要长期、巨额的资金投入；另一方面是银行信贷的投入严重不足，海洋产业的资本市场融资极其有限，国内海洋保险业发展严重滞后，对此，需要着力构建海洋经济发展的金融政策支持体系，包括加强政策引导，促进商业性金融机构进入海洋经济领域；配合国家海洋战略，政策性银行业务向海洋产业倾斜；鼓励涉海企业利用多层次资本市场融资；营造有利于战略性海洋新兴产业风险投资的政策环境；促进海洋信用担保业发展，建立海洋政策性保险体系。

杨子强（2010）在全面考察国外先进国家和国内相关区域发展海洋经济成功经验的基础上，结合陆地金融发展创新实践，提出了"政府主导、市场运作、风险分担为主、利益诱导为辅"的海洋金融支持原则，提出了发挥政策性金融引导作用，发展多种投融资方式，完善抵押担保功能，加快金融产品与服务方式创新，构建环保金融激励与补偿机制等为内容的海洋金融体系建设目标。

周昌仕、宁凌（2012）从金融生态的角度提出了海洋融资体系构建的设想，即利用现代金融工具，发展现代海洋产业，搭建以政府投入为引导，以行业互助、抱团增信和内部融资为基础，以金融信贷、上市融资和票证融资为主体，以创业投资和风险投资为补充的多元融资模式，直接融资与间接融资并重，以形成相互支持、互为补充、合作共赢的海洋产业生态金融。

熊德平（2011）就构建多元化、多类型、多形式、多层次、可持续发展的海洋金融体系提出了自己的观点，认为要进一步放宽海洋金融市场准入，鼓励金融资本、工商资本、民间资本、海外资本等多种资本类型参与海洋金融发展，加强海洋金融产业组织创新，形成竞争与合作相互协调的海洋金融市场结构。要完善法律规章，创造有利于鼓励投资的政策法律环境，最大限度地开放海洋产业准入领域。同时，政府应对海洋经济开发的重点项目给予税收减免、财政补贴等优惠政策，从而吸引民间资本和外资进入该领域。

（三）区域海洋经济发展的金融支持

许道顺（2006）对金融支持海南省海洋经济的现状和面临制约进行了探讨，认为海南是我国海洋面积最大的省，但海洋经济的发展却远远落后于全国其他省份，资金短缺困扰着其开发利用海洋及实现海洋经济的可持续发展。以水产品加工业和海洋高科技企业为例，信贷资金对海洋经济的发展支持力度不够，企业绝大部分只能依靠内源融资，从而制约了相关产业的发展壮大。作者建议实行政策倾斜，加大对海洋产业的财政扶持力度，发展多层次金融市场，拓宽海洋产业融资渠道；努力培育金融生态环境，稳步推动海洋经济发展。

聂琳琳、刘传哲（2010）分析了江苏沿海三城市（连云港、南通、盐城）开发中存在的金融抑制现象，表现为资金缺口逐步增大，金融支持可持续性差；金融体系结构单一，银行业务结构简单；直接融资比例小，融资渠道狭窄。指出要丰富金融机构体系，创建新兴金融机构；要改善金融服务，加快金融创新；要拓宽融资渠道，充分利用资本市场发挥作用。

冯利娟（2013）通过对山东半岛蓝色经济区金融发展状况以及发展中存在的问题及成因分析，认为其海洋金融发展迅速，蓝色经济区金融机构存贷款总额占山东省存贷款总额的一半以上，海洋金融工具创新产品不断增加，蓝色金融战略规划不断出台，各大金融机构纷纷支持蓝色项目发展，海洋产业结构有不断优化的趋势，海洋战略性新兴产业和海洋传统产业总体趋好,海洋新兴产业取得了一定的进展等可喜局面,但也指出海洋传统产业目前仍占据主导地位的局面。

狄乾斌、王小娟、刘东元(2010)从金融危机角度分析了金融对大连海洋经济各个产业的影响,指出金融危机造成了海洋交通运输业、海洋船舶工业、滨海旅游业、海洋水产业内众多企业成本上升、利润下降、出口压力加大,很多规模较小的水产加工企业处于停产或半停产状态。但严峻的形势也形成了一种"倒逼机制",从而迫使海洋产业结构转型升级,逐步形成了以海洋生物医药等高新技术产业为先导,以海洋交通运输业、船舶工业、滨海旅游业和海洋水产业为支柱,以海洋食品加工等为特色的现代海洋产业体系,促进了大连海洋经济持续快速增长。

(四) 金融护航宁波海洋经济的实践

周传军等(2012)指出:宁波针对海洋经济建设的金融创新近年来持续推进,金融机构积极拓展抵质押物范围,加大对海域使用权抵押贷款、出口退税账户托管贷款、渔船抵押贷款、在建船舶抵押贷款、排污权抵押贷款等的应用,相应的贷款投放同比增幅明显。通过推动发展供应链融资、组合担保贷款等贷款业务,金融机构积极创新融资平台和模式,探索出适合海洋产业全面发展的多种信贷支持方式。但仍然存在海洋经济金融支持的起步、发展相对滞后,海洋经济领域的金融支持仍主要为传统的信贷投入,并以资产抵押方式为主,创新产品较少等问题。随着海洋经济的发展,海洋产业技术化趋势日益明显,海洋高端装备业和海洋生物制药业等的发展需要从研发→试产→批量生产→投放市场的持续资金投入,传统信贷融资已无法充分满足其资金需求。

李锐(2013)的研究认为,宁波港集团财务有限公司的设立,为港区发展注入了新的活力。财务公司作为创新型机构,一是起到了聚集资金、优化配置的作用。可以在集团内部充分利用所集中的资金,向成员单位提供资金支持,办理票据贴现,从而减少外部融资,减少整个集团的财务费用，对集团所有流进流出资金做到实时监控，把风险降到最低。二是起到了整合内部资源、凝心聚力的作用。例如财务公司以保险代理的身份，集合集团公司及其下属公司的保险资源，分类打包，集中与保险公司谈判，争取了费率优惠。三是通过吸引客户单位在财务公司开立结算账户，在财务公司结算平台上实行统一结算，大大加快了结算速度，降低了客户违约、欠款的风险。宁波港集团财务公司是利用金融手段服务于海洋经济的一个较为成功的案例。

中国社会科学院金融研究所杨涛博士（2013）研究的课题《金融与海洋经济发展——宁波实证研究》，分析了宁波海洋金融未来发展的方向。课题组认为，宁波与上海的海洋金融合作面临重大机遇，而兴建国际航运中心本身也是在兴建金融中心。把浙江海洋经济发展战略与上海"两个中心"建设结合起来统筹谋划，争取合作共建、互利共赢。课题组献策，下一阶段宁波发展海洋金融，应根据海洋金融最迫切的主导产业需求，尽快重点发展海洋绿色金融、海洋科技金融、海洋航运金融、海洋物流金融和离岸金融五大服务。

第四节　海洋金融发展国际经验

一、金融支持海洋经济区开发

（一）韩国西海岸

1986 年，韩国成立了国土开发研究院，提出将经济建设重点转移到西海岸地区，以促进区域经济均衡。1988 年，韩国专门成立了西海岸开发促进委员会，负责西海岸开发中的重大问题研究和决策。西海岸开发促进委员会根据国土开发研究院的研究论证，确定了 136 个开发项目，总投资额为 22.3 万亿韩元（约 300 多亿美元）。投资覆盖工业基地建设、地方工业园地建设、用水供给和废水处理、交通运输、通信及发电站建设、水资源开发、教育、旅游等海洋经济区发展的各个领域。

在西海岸开发中，除了政府投资以外，韩国政府通过专门制定《民资引进促进法》以及设立地区开发基金等政策措施，鼓励私人企业参与公共事业和工业园区的开发，这不仅提高了民间资本的投资效率，而且为开发事业提供了全面的资金保障。2004 年，在对西海岸的仁川港经济区开发中，政府通过营造良好的投资环境，如允许外币自由流通、消除外国投资的不利因素等，大量吸引外资参与建设。

(二) 新加坡

新加坡是个"弹丸之国"，却创造了一个个经济奇迹，在此过程中，海洋经济居功至伟，新加坡成为公认的亚洲海洋经济和金融中心。因此，我们把整个新加坡类比于一个海洋经济开发区，分析金融在其中发挥的作用。

政府为海洋经济企业提供开发性资金支持，形成官、产、研互动机制。新加坡政府通过海事招标机构对海洋产业的研发提供资金支持，单项目支持从 500 万新元~5000 万新元不等，专项支持可达上亿新元。这一政策的最大特点是投标企业可以是在新加坡经营的任何国际企业，不只限于本土企业。其运作的基本模式是，产业机构提出前沿的研究课题，政府提供研究开发资金，科研机构开展应用型研究，形成产学研一体化。

虽然新加坡政府每年都会安排巨额资金用于完善基础设施建设，既包括港口的前期建设和园区的建设，也包括对海洋科技的大力支持，但新加坡经济的主要驱动力还是来源于大型企业、大型项目的带动，特别是新加坡政府采取大力引进国外资本的策略，以跨国公司的投资为重点。裕廊工业区的迅速发展，就得益于新加坡政府抓住机遇，大力引进跨国公司的投资。这些国际公司的强力投资对新加坡政府海洋资源的开发和价值实现产生了重要的积极影响。

二、金融支持海洋产业发展

（一）港口码头业

港口作为国家重要的基础设施，长期以来一直以公共部门投资为主，并且实施严格的政府规制。但随着基础设施自由化和私有化浪潮的到来，以及港口自身技术经济特征的变化，港口业的产权结构也开始发生变化，即公共部门和私人部门的投资相互结合。

民营化浪潮冲击着世界上许多国家港口。法国、意大利、葡萄牙、澳大利亚和新西兰等纷纷卷入，巴西、阿根廷、智利和巴拿马等美洲国家也都热衷于此。美国首先在弗吉尼亚国际码头和马里兰国际码头的经营中加强商业化因素，更多地引入竞争机制。在加拿大全国548个港口中，除极少数边远港口和客运轮渡外，其他港口都逐步实现了民营化。新加坡港作为公共港口的代表，也进行了组织重构和公司化改造。1997年10月，新加坡港务局改制为海运与港口管理局（MPA）和PSA港口有限公司，这可被看作是民营化改革的第一步。

英国的港口民营化安排经历了两个不同阶段。第一阶段开始于《1981年运输法》生效以后，该法确定了运输码头局（BTDB）的民营化框架，成立了作为控股公司的英国港口联合会（ABP）来经营BTDB管理的公共港口。ABP由政府成立另一家称作英国港口联合会PLC的公司控制。1983年政府将PLC公司49%的股份出售给了私人投资者，一年后其余股份也被售出。1991年英国颁布了港口法，从而标志着港口民营化进入第二阶段，也就是把当时的100多家信托港转变为有限公司。信托港不追求利润目标，不发行股票，但受到公共借贷额度的限制，信托港的独特性使其并不属于严格意义上的公共或私人企业。对于当年14家年营业额在500万英镑以上的主要信托港，需要制定在以后两年内逐渐实行民营化的计划，而其他港口则可以自愿制订民营化方案。迄今为止，英国政府认为其港口民营化政策是成功的，商业化经营有利于提高服务质量，并降低收费标准。

（二）海洋渔业

1. 政府投入

渔业作为一个风险性较大的行业，往往面临融资难的困境。为发展本国渔业，政府往往采取各种政策扶持渔业的发展。挪威对渔业科研投入资金较多，注重养殖业的每一个环节的研究，从养殖材料网箱、网具、围网规格到培育幼苗技术、饵料和防病技术，再到收获和运输加工等，进行全方位彻底的研究。而且研究的设备先进，研究成果非常显著，这主要得益于挪威政府对渔业科研的大量投入。韩国政府为了提高水产业界的竞争力而创建的水产发展基金，成为支持渔业的重要经费。该基金只限用于支持资金、水产品流通及稳定价格等，基金设置比一般银行利息（年利）便宜，年利率为 3%～5%，最大偿还年限为 10 年。2004 年的总金额是 2000 亿韩元，比 2003 年增加了 40%，比在韩、日及韩、中渔业协议缔结后首次创建的 2001 年的 262 亿韩元增加 7 倍。

2. 商业贷款

商业性金融对渔业发展至关重要。在实行市场经济和金融发达的国家，其对渔业采取积极的金融政策，对渔业金融困境的解决起着决定性的作用。英国商业性金融注重增加对渔业企业的贷款，解决了渔业企业的资金难题，促进了本国水产业的发展。例如英国约翰逊水产养殖公司 2004 年从伦敦城市银行获得一笔 850 万英镑的贷款，用于在英国射得兰群岛投资建造欧洲最大的鳕鱼养殖场。俄罗斯农业银行与俄罗斯渔业署签署协议，2008 年俄罗斯农业银行为俄罗斯渔业发展提供 500 亿卢布贷款。在协议的框架下，俄罗斯农业银行开始向各种渔业企业发放贷款，包括从事渔业捕捞、渔业加工和水产养殖的企业。同时，俄罗斯农业银行也参与了渔业交易所的组建。

3. 民间融资

越南渔业部要求国内从事虾类养殖的地区着手建立养殖风险基金，以帮助养殖户应对水产养殖中可能遇到的各类风险，尤其是鱼病防治以及对发病的鱼塘协助进行消毒工作。该基金会的资金来自个人和相关组织等民间部门的自愿捐赠。基金会的章程规定，重大事宜将由所有会员讨论制定。美国一家水产生物技术公司出资 180 万美元开展对海水养殖鱼（主要是鲑鱼）通过基因操作能否达到不育的研究，该项目总的经费为 350 万美元，属于全美基础技术研究所的最新技术计划。

（三）航运业

根据航运业的发达程度不同，金融服务也存在不同的模式。比如以基金为后盾的航运金融模式、混合型的航运金融模式、基于贷款的航运金融模式等。

德国是基金模式的代表。德国人首创 KG 基金模式。在 KG 基金的安排中，券商设立一只基金来买船。基金部分来自私人投资者（占 35%~50%），部分来自银行（50%~65%），银行贷款以对船舶的头等抵押作为担保。受益使用人从这只基金处租赁船舶，投资回报率稳定在 20%~30% 之间。德国 KG 模式实际上是一种典型的船舶基金，曾经成为国际上最主流的船舶融资平台之一，汉堡成为全球三大航运融资地之一。然而自 2010 年以来，受全球航运市场不景气影响，KG 基金内部出现了逐渐衰落景象，不断有基金公司倒闭。但 KG 模式为德国航运业的兴盛所起的重要作用将载入史册。

日本航运业的金融支持则以贷款为主。针对航运企业有加速折旧政策、储备基金免税、双壳油船税率优惠；国家对航运公司的商业贷款提供 2.5%~3.5% 的利息补贴；在计划造船制度方面，政府通过商业银行提供船价 70% 的贷款，偿还期限长，利率低，并且有偿贷宽缓期。以上政策强力刺激了日本的船舶制造业发展，并由此推动船舶租赁的发展，而加速折旧政策正可以使出租人能享受加速折旧带来的税收优惠，并通过租金的方式与承租人分享。日本由国家向船厂提供优惠出口信贷和担保，提供船价 84% 的贷款，年息 6%，还款期限 14 年，优惠期 8 年（优惠期内只偿还利息）。

（四）造船业

世界上大多数国家对造船业都有不同方式、不同程度的扶持和优惠政策。

1. 贷款补贴

韩国政府从 20 世纪 60 年代开始发展造船业，提出了"造船立国"的口号，把造船作为支柱产业和出口产业发展。对新建或扩建船厂提供总投资额 65% 的低息长期信贷资金。英国政府采取的措施则是：1989 年至 1990 年向造船业提供 10 亿美元的援助，包括造船补贴、抵消赤字、无息贷款以及造船科研和发展基金。在美国，克林顿执政时期推进的耗资巨大的"国家造船计划"，对在美国船厂建造的船舶提供船价 87.5% 的信贷担保，还款期 25 年，使 12 家能建造 122 米以上船舶的造船厂获益。自 1993 年以来，美国海事管理局批准了 6.75 亿美元的信贷担保，用于支持 8.57 亿美元的商船建造和阿冯戴尔船厂、国家钢铁和造船公司等企业的现代化技术改造。德国政府 1992~1995 年对原东德的造船企业提供 45 亿美元的改组补贴，提供造船补贴最高达到船价的 25%。

2. 出口信贷

为船舶出口提供买方信贷是鼓励本国船舶制造业出口的重要举措。世界主要船舶建造地，如欧洲、韩国、日本等都在其船舶工业发展过程中，通过提供出口信贷（包括买方信贷），强有力地提升了其船舶出口的竞争力。如 2003 年 5 月，韩国输出入银行分别与加拿大船东 Seaspan 集装箱运输公司、希腊船东 Danaos 控股公司正式签署了 3 亿美元和 1.3 亿美元的两笔贷款协议。这两家船东利用输出入银行提供的贷款，向韩国三星重工业公司支付 9 艘船的船款（贷款相当于总船价的 88.5%）。这两家船东所订造的 9 艘集装箱船在交付后，将按先于造船合同签订的租船协议，长期租给中国海运集团公司。两家船东从韩国输出入银行获得的巨额贷款，不需一流商业银行提供还款担保，而是用租船合同的租金收入作为担保。

3. 税收减免

韩国政府把造船业作为支柱产业和出口产业发展，对本国造船业在税收方面，采取全部免交增值税和物品税，法人税税率也很低，利润在 2.5% 以下时可以免交，利润在 3% 时税率为 0.4%；而对进口船舶则征收重税，以达到限制船舶进口的目的；政府还通过调整货币汇率（即调高美元兑换韩元汇率）使造船业增加利润。英国政府免征船厂所得税、增值税、退给船厂相当船价 2% 的费用，作为船厂交纳的各种间接税收补贴。日本政府在税收方面规定，当船厂利润率在 2.5% 时，税率为 1.3%；利润率在 3% 时，税率为 1.6%。大大低于一般制造业的税率水平。荷兰政府免征船厂增值税，德国则规定免收船厂营业税。

三、海洋保护区可持续性融资

在开发利用海洋的同时，人类认识到应把海洋作为生命保障系统加以保护。之所以要强调海洋保护区融资的可持续性，是与海洋保护区资金短缺和经营性成本回收不规则甚至缺失相关。基于这样的共识，政府资金投入应成为海洋保护区融资的主要渠道，其他主要还有国际组织的捐款和捐赠，保护区旅游门票和收费，特许费、罚款收入等。

例如，美国政府成立"海洋政策信托基金"，加大资金投入，以保护美国海洋资源免遭资源开发及工业污染带来的危害。澳大利亚政府在积极推进海洋开发利用的同时，为保护大堡礁优美的自然景观和动植物的多样性，1991 年制定了《2000 年海洋营救计划》，提出保护海洋环境可持续发展的具体办法和包括融资支持在内的措施。韩国海洋水产部向那些影响海洋生态系统和减少海洋生物多样性的公司征收税收，税收额度根据受威胁的区域大小而定，用于保护海洋生态系统的生物多样性促进项目。东亚海环境合作伙伴关系（以下简称PEMSEA，由东亚 12 个成员国联合成立）与韩国海洋水产部合作，推进成立环境投资基金，积极寻求国际解决方案，2002 年在韩国召开 PEMSEA 第 8 次会议上，从世界环境基金得到 100 万美元的资金支持，成立了基金会，有效促进东亚地区海洋环境投资。

四、海洋循环经济的金融保障[①]

海洋循环经济，是对海洋资源更高效率的开发。它以"减量化、再利用、资源化、无害化"为原则，以低消耗、低排放、高效率为基本特征，其增长模式是"资源→产品→再生资源"。是把海洋经济系统和谐地纳入海洋自然生态系统之中，在海洋资源高效利用的基础上促进海洋经济发展。以尽可能小的资源消耗和环境成本，获取尽可能大的经济效益和环境效益。

美国是最早开展海洋循环经济相关理论和方法研究的国家之一，其对海洋循环经济的金融支持高度重视。表现在：一是形成了政府主导的金融支持模式，以法律形式明确了财政拨款是海洋经济和海洋循环经济发展的重要经费来源；二是建立海洋信托基金，该基金的资金来源主要是联邦政府收取的海洋使用费，基金的投向则专门用于海洋管理的改进工作；三是加大海洋教育投资，提升了整体国民的海洋忧患意识，是促进海洋经济循环发展的有效方法；四是强化渔业补贴，政府通过多种渠道集资来为渔船建造提供贷款支持、向远洋舰队提供直接补贴以及回购渔船以压缩近海捕捞船队规模；五是完善海洋保险制度。凡是涉及海洋环境污染责任保险而没有投保的公司，都不能取得工程合同，以达到海洋污染物低排放的目的。

日本也是较早提出并实施循环经济的国家之一，有力的金融支持保障了循环经济的发展。一是强大的政府扶持力度，《循环型社会形成推进基本法》对日本政府在循环经济发展中必要的财政措施做出

---

① 本部分内容参考见李莉、周广颖、司徒毕然：《美国、日本金融支持循环海洋经济发展的成功经验和借鉴》，《生态经济》2009 年 2 月。

了相应规定；二是有力的银行信贷支持，日本政府积极引导商业银行组织银团贷款，并通过利率引导，运用浮动利率杠杆，对重视海洋循环经济发展的企业给予贷款优惠政策；三是完善的税费制度，在日本政策投资银行等的政策性融资对象中，那些与海洋循环经济发展中的"3R"事业（即减量化、再使用、再循环的3R原则）、海洋废弃物处理设施建设等相关的项目，可以得到14%~20%的税收优惠比例。对于新增的海洋科技研发费的部分也进行了一定的免税，规定企业与国立或公立研究机构或大学合作研发促进海洋循环经济发展的相关技术时，所发生的研究经费的15%从法人税中扣除；对于购置相应研究用设备的企业，按价格的一半免税。

第二章 宁波发展海洋金融的现实背景与战略思考

2011 年 3 月，浙江省正式对外公布：国务院已经批复《浙江海洋经济发展示范区规划》，标志着浙江海洋经济发展示范区建设上升为国家战略。这为海洋资源大市宁波的海洋经济发展带来前所未有的机遇。如何为海洋经济发展提供更好的金融服务，如何描绘具有宁波特色的海洋金融蓝图，是关系到宁波海洋经济能否顺利发展的关键因素。本章基于宁波海洋金融发展的现实背景，提出了海洋金融整体发展目标、原则和思路，并分析和预测了宁波海洋金融未来发展趋势。

第一节 发展基础

一、海洋金融发展总貌

（一）银行贷款为海洋经济发展提供保障

据宁波市人民银行统计，截至 2011 年 6 月底，全市金融机构直接对海洋经济相关领域的信贷投入余额合计 580.30 亿元，占同期全部贷款余额的比例为 5.7%；2011 年上半年累计发放海洋经济领域贷款 301.1 亿元，比 2010 年全年贷款发放还要高出 42.2 亿元；2011 年上半年累计贷款发放 12656 笔。涉海类贷款投向主要有：船舶制造业、水上运输业、航运服务业、海洋信息技术制造、海洋基础设施建设以及渔业水产养殖加工业。银行贷款有力推动了海洋经济各个领域的发展。

（二）资本市场为海洋产业融资拓宽渠道

海洋经济建设具有开发周期长、资金需求量大、风险因素多等特点，传统的银行信贷往往难以满足和匹配其对资金的需求，为此涉海企业积极利用资本市场融资渠道，开展 IPO 融资、发行短期融资券，并以信托、理财产品、融资租赁等金融产品为组合，实行多元化、针对性的融资解决方案。例如，宁波海运股份有限公司自 1997 年在上海证券交易所上市以来，累计从资本市场募集资金 17.14 亿元。另据宁波市人民银行统计，仅 2010 年，就有宁波港务局发行短期融资券 30 亿元；信托+理财 8 亿元；杭州湾跨海大桥发行短期融资券 6 亿元；宁波海运获得金融租赁 9 亿元；中基船业以售后回租形式获得贷款 10 亿元。

（三）保险业为海洋经济发展保驾护航

在商业保险方面，据宁波市保监局资料显示，宁波航运保险业务近年来保持了较好的发展势头。一是风险保障功能不断加强，2007 年至 2012 年，船舶险、货运险合计为航运产业提供了 23629 亿元的风险保障，年均风险保障金额 3938.17 亿元，累计赔款支出 9.1 亿元，年均赔款支出 1.52 亿元，为受灾受损企业及时恢复生产提供了有效帮助。二是经营主体不断增加，市场竞争日趋充分。经营航运保险的保险机构从 2005 年的 10 家增加至 2013 年的 26 家，其中经营船舶险的从 7 家增加到 21 家，经营货运险的从 10 家增加到 26 家。三是保险机构对航运保险的重视程度不断提升。人保产险、太保产险宁波分公司均已成立专门的航运保险管理部门，实行专业化经营。四是区域竞争力有所提升。各财产保险机构不仅凭借宁波的港口优势，吸引了舟山、台州等省内城市的部分航运保险业务，而且凭借港口优势和良好的服务，对国内其他省份的航运险业务也有所触及。五是东海航运保险公司于

2015 年 3 月获批在宁波筹建。由人保财险、宁波港、上海港为主发起人筹建的东海航运保险公司，注册资本规模初定为 10 亿元，是国内第一家专业的航运保险法人机构。其设立对完善宁波市航运金融服务体系，提高航运保险服务供给能力，增强港航、物流和贸易企业的抗风险能力和国际竞争力，都将发挥十分积极的作用。

在互助保险方面，宁波是全国首批成立地方渔业互保协会的城市之一。成立于 1996 年的宁波市渔业互保协会，开始组织渔船船东参加互助保险，实现渔民自我保障和服务。2009 年宁波市渔业互助保险的触角已从大功率渔轮向中小型渔船延伸，全市有证书的所有渔民和所有渔船都纳入了互保体系，在全国率先实现了渔业互保全覆盖。2011 年宁波市渔业互助保险额首次突破 90 亿元，达到 92.1 亿元；同年，宁波市渔民参加人身互保 22709 人，比上年增长 4.9%；参加渔船互保 5456 艘，同比增长 23%。市渔业互保协会于 2010 年起涉足南美白对虾养殖互助保险，这一开创先河的做法已引起农业部的高度关注。

（四）新型融资工具在海洋经济领域广泛应用

1. 融资租赁

以宁波保税区为例，该区自 2011 年年底开始试水金融租赁业务，引进了国内大型融资租赁公司——华融金融租赁股份有限公司。至 2012 年年底，华融公司已在区内成立了 5 家单机单船项目租赁公司（SPV），其中三家是船舶租赁，两家为设备租赁，融资总规模达到 7 亿元人民币，较好地解决了区内外企业购置大型设备的融资需求，也使浙江成为国内继北京、天津、上海之后第四个开展融资租赁单机单船业务的省份。

2. 产业基金

仍以宁波保税区为例，自 2012 年起，该区致力于推动"宁波船舶产业基金"的设立工作。该基金发起人路易达孚高桥能源公司，是世界 500 强路易达孚集团的控股子公司，而路易达孚集团是在大宗商品交易和海运方面有着丰富运营经验的跨国公司，在人才、技术和资本方面具有较强的优势，在船舶产业基金的运营上有专业的管理团队。作为"宁波船舶产业基金"的主发起人，该公司主要负责基金的投资和运营。第一期拟募集规模50亿元人民币，其中25亿元人民币投资于中国境内海运资产，5亿美金用于收购中国境外海运资产。路易达孚公司利用与全球250多家业内企业的长期良好合作关系，为基金带来商业机会。

二、海洋金融面临制约

（一）商业银行主观积极性不高

在政府海洋经济战略统一部署下，商业银行会或多或少地增加对海洋经济的支持力度，但由于海洋经济项目受自然条件影响较大，较高的风险影响了银行投入的积极性。如近海养殖业，由于宁波海域每年都会受台风等自然灾害的入侵，水产养殖风险较大，且近年来由于盲目扩大养殖范围，海养面积超常规发展导致海域污染问题严重，部分养殖企业亏损甚至破产，严重威胁银行贷款的安全性。又如造船业和远洋运输业，除了受自然灾害影响外，还受到国内外宏观经济周期性波动的影响，近年来全球经济不景气导致航运市场低迷，波罗的海航运指数持续性下降，严重影响了造船业的生存和发展，也威胁着航运业的发展。海洋产业特有的高风险抑制了商业银行贷款积极性。

（二）涉海保险业务有分流倾向

以航运保险为例，由于上海集聚了一大批航运企业、外贸企业总部，同时为支持上海"两个中心"建设任务，国务院出台了关于进出口贸易、航运保险的税收优惠政策。这种总部经济的优势和政策优势给上海航运保险发展带来了得天独厚的条件，并对周边地区形成了较强的"磁吸效应"。加上部分航运企业实行的总部集中投保政策，使宁波地区部分航运保险业务流向了上海。另有相当一部分的宁波航运企业，随着远洋航运业务的开展直接向国外机构投保，又分流了较大一部分保费。

（三）与金融服务相关的市场配套不健全

相关政策操作有难度。当前，海域使用权抵押贷款、在建船舶抵押贷款等新产品的法律保障已初步到位，但由于相关的可操作性政策和市场服务跟不上，影响了实施的效果。如海运使用权抵押贷款目前还是小范围探索，抵押比例低、融资规模小，抵押范围主要是在养殖用海方面，在工业、交通等用海融资方面还未得到实质性的拓展。涉海信贷的常用抵押品海域使用权、专利、船舶等转让交易市场不够发达，银行处置抵质押物相当困难。

船舶评估配套服务欠缺。在建船舶抵押贷款，由于评估成本较高、操作手续复杂、准入门槛高、变现困难，一定程度上影响了金融机构发放贷款的积极性，进而限制了船舶企业特别是中小船舶企业的融资。即使已经取得抵押贷款，如果船舶停靠在异地的港口或码头，而银行的年度抵押品评估需要到现场实地勘察，给银行实际操作带来很大不便。

（四）民营资本进入海洋经济的意愿不强

民营资本具有强烈的逐利性，哪里有利润，哪里就会有民营资本的身影。从次贷危机到欧债危机，国际经济连续多年不景气已经严重影响到浙江众多出口导向型民营企业的生存状态，许多民营企业急于寻找新的利润增长点，以实现企业的转型升级，这样的愿望非常迫切、非常普遍。但对于投资海洋领域，它们却感到心有余而力不足。主要原因：一是民营企业大都资产实力不够雄厚，难以承担海洋经济的巨额资金需求，它们普遍担心靠一己之力单打独斗，难以完成海洋项目建设；二是缺乏懂技术的专业人才，无论是政府的招商引资部门，还是企业内部，都缺少可以为涉海投资项目进行前景分析和专业咨询的人才。

第二节　发展战略

一、目标定位

（一）沪甬海洋金融合作重要腹地

在上海建设国际金融中心和国际航运中心的历史背景下，宁波已确立主动融入上海"两个中心"建设的发展定位。航运金融作为两地合作与对接的重要领域，宁波应主动在合作平台、合作模式、合作项目等方面与上海沟通，努力成为上海两个中心的后台服务中心，探索共同推动海洋金融发展的合作商机。

（二）浙江海洋金融专业服务中心

宁波作为浙江省海洋经济发展示范区的核心区，应当依托政策、区位和经济基础的优势，明确金融支持政策导向，进一步完善配套支持体系；不断拓宽融资渠道，提高金融支持海洋经济发展效率；健全信用担保体系，改善海洋经济信用环境。积极打造浙江金融服务于海洋经济的重要专业金融中心。

（三）长三角海洋金融发展示范区

作为区域性海洋金融发展示范区，应具备两大功能：区域海洋金融服务功能与区域海洋金融资源配置功能，前者表现为区域海洋金融中心的形式，后者则是区域海洋金融中心的本质所在。宁波发展海洋金融应立足本土，服务浙江，辐射长三角乃至全国。

二、发展原则

（一）政府引导与市场机制相结合原则

金融支持宁波海洋经济建设，首先需要政府发挥财政资金的引导作用，引导社会资金进入海洋产业发展领域，进而形成多元化的区域投融资机制。市政府应在政策上对海洋产业给予一定的倾斜，对重点海洋产业立项进行补助，以此充分调动市场积极性，努力吸引金融资本、民间资本和海外资本，投向海洋基础设施、海洋深层次开发、海洋高新技术产业等重点领域，并给予相应的财政金融扶持政策。

（二）重点扶持与梯度推进相结合原则

依照循序渐进原则，在海洋金融领域分阶段落实发展目标，寻找突破口。现阶段要充分利用宁波得天独厚的临港优势，重点推动重大项目融资、航运金融发展以及与临港大工业相配套的口岸金融服务。待海洋经济发展步入相对成熟阶段，再逐步推进海洋绿色金融、海洋科技金融、离岸金融的发展。

（三）传统金融与创新发展相结合原则

在坚持做大做强传统金融业务的前提下，鼓励金融机构先行先试，坚持创新驱动，根据海洋经济发展需求不断拓展金融市场，创新金融机构、金融产品和金融服务，形成金融产品丰富、金融服务高效、金融监管有力、金融生态优良、金融风险可控的局面，切实提高金融服务的针对性和有效性，吸引更多的金融要素集聚海洋经济发展领域。

（四）对接发展与打造特色相结合原则

充分利用上海两个中心建设的契机，坚持对接、融入和自主发展并举，积极参与金融市场联动、产品整合和管理创新，实现金融资源跨区域优化配置，发展与之相匹配的区域金融市场体系。与此同时，要立足宁波特色，通过构建新型海洋金融服务平台，打造新金融集聚空间，引进新金融要素（民间资本、境外资本以及相关的金融要素）和发展新金融业态（金融消费公司、信托基金、专项产业基金、产权交易中心、票据融通中心等核心业态及投资咨询机构、金融分析研究机构、专业的金融信息传媒机构等支持业态），以点带面，带动宁波海洋金融业的发展，形成强劲的金融功能，更好地为发展海洋经济服务。

三、发展思路

支持各金融机构积极开展银团贷款、海域使用权抵押贷款等业务，满足海洋经济重大项目的资金需求；鼓励有条件的企业通过发行企业债、公司债、短期融资券等，拓展多元化融资渠道；支持有条件的海洋经济企业境内外上市；探索设立海洋经济相关政府创投引导基金，引导民间资本参与相关基础设施和公共事业建设；吸引、组建航运专业保险公司，探索海洋经济相关行业资金互助社、互助保险等金融创新试点。使海洋金融成为宁波海洋经济发展的区域特色和重要品牌，为"十二五"期间宁波海洋经济保持持续稳定较快增长，实现海洋经济强市目标，全面推动建设小康社会作出金融应有的贡献。

第三节 发展趋势

一、海洋绿色金融

所谓绿色金融，是针对宁波临港大工业的发展而言的，不仅意味着支持低碳、环保，还意味着传统工业金融方式的改造。一方面，强调要通过各种融资手段来支持临港工业的发展，推进产融结合实现临港工业的集群化、规模化发展，以金融手段来支持重大的海洋工业设施与项目建设；另一方面，则是强调要促使金融机构在为海洋产业提供金融支持的过程中，更加注重节能减排问题，更符合可持续原则，引导产业向着资源节约、环境友好的方向发展。

二、海洋科技金融

根据《宁波市海洋经济发展规划》（2011~2020）要求，宁波海洋经济的重点在于发展各类先进制造业、高科技产业、新型战略产业。对此，应发展与之相配套的科技金融服务体系。这包括建设和完善科技信贷体系、科技保险体系、科技担保体系、科技创新体系、科技金融组织体系、科技上市培育体系等；积极开展科技金融试点，努力创新科技管理机制、创新财政科技投入方式、建立科技金融专项资金，创新金融产品和服务模式；推动银行组织体系和机制创新，加快研发适合高科技产业特点的信贷产品；健全信用担保体系，增强科技金融的风险防范能力。

三、港航物流金融

一是航运金融。宁波意欲打造上海国际航运中心的副中心，这必然要有发达的航运金融服务业做支撑。对此，宁波将加大对航运金融的政策支持力度；引导金融机构面向航运业的机构设置和产品创新；设立本地法人航运金融机构、引进外资航运金融机构；重点利用资本市场发展航运融资；做精做强东海航运保险公司；促进与航运金融相关的保险公估机构、海事法律服务机构、保险经纪、会计、船检机构、诉讼仲裁机构等中介组织发展。

二是物流金融。主要指面向港航物流业的运营，通过开发、提供和应用各种金融产品和金融服务，有效地组织和调剂物流领域中资金和信用的流动，达到信息流、物流和资金流的有机统一。宁波将促进与物流金融相关的管理与政策的协调，针对物流金融发展制定专门的支持、鼓励、奖励和优惠政策；支持银行对物流企业提供多样化的金融产品和服务；以资本为纽带，支持打造一批宁波本地的物流企业集团；鼓励金融机构发展新型物流金融模式；加强物流金融发展跨区域合作，形成金融支持物流业发展的长效机制。

四、离岸金融

现代海洋经济、外贸经济的发展，往往与离岸金融的成长密切相关，而且离岸金融市场的发展也有利于引进航运企业的国际结算中心，促进宁波国际航运中心建设。目前，宁波市外管局在国家相关部门支持下，已经开展了部分离岸金融业务试点。在上海自贸区建设大背景下，宁波将全方位学习和借鉴自贸区的外汇管理政策，积极复制和推广自贸区经验，研究制定加快离岸金融业务发展的政策措施，尽快完善离岸金融业务所需要的配套制度和外部环境。

第三章 金融支持宁波海洋渔业发展研究

　　海洋渔业是宁波海洋经济的传统支柱产业之一，除了海水养殖和海洋捕捞外，海洋渔业还包括海水产品的贮藏、加工、运输和销售等。本章重点研究宁波市海水养殖和海洋捕捞这两个行业的现状及特点，以及金融支持宁波海洋渔业发展的有效路径。

第一节 宁波海洋渔业发展特征和趋势

　　宁波位于浙江沿海北部，三面环海，海岸线长，滩涂资源较为丰富，同时又有舟山群岛为其天然屏障，沿海有三门湾、杭州湾和象山港，长江、钱塘江、甬江等众多大小河流注入东海，带来大量的淡水、泥沙以及营养物质，为近海生物的生长、繁殖提供了丰富的养料和生长的条件，孕育了宁波以及宁波周围的各个经济鱼类渔场，渔业资源相当丰富。这些为宁波市发展海洋渔业提供了得天独厚的物质条件。2011 年，全市水产品总产量达 98.9 万吨，实现渔业产值 109.6 亿元。近年来，随着中国—东盟自贸区建设的不断深入，高端水海产品成为宁波地区水海产品出口东盟的新亮点，宁波出口东盟市场海产品呈现量增价扬的良好态势，极大地提高了宁波地区水海产品的出口附加值。

一、海洋捕捞业

宁波海洋渔业资源丰富，海洋捕捞业历来发达，是全国著名的渔区之一。海洋捕捞是宁波渔业的主体产业，产量一直占渔业总产量的2/3以上。宁波本土就有传统的七大渔场：灰鳖洋、崎头洋、乱礁洋、大目洋、猫头洋、韭山、渔山渔场。这些年来，由于受到海洋环境污染、超强度捕捞等多种因素影响，海洋生物资源结构及生态系统严重失调，捕捞鱼获物出现低值化、低龄化和小型化，海鱼业资源严重衰退。2014年宁波开展了"一打三整治"、"减船转产"、"生态修复百亿放流"三大专项行动，计划到2017年全面取缔涉渔"三无"船舶，全面完成船证不符渔船整治，基本杜绝非法捕捞，大力压减国内海洋捕捞产能，使渔场资源有一个明显的恢复。计划到2020年，基本建立渔业资源科学利用、依法管控的长效机制，实现渔船、渔民服务管理信息化、智能化，建设一批渔业资源保护区，累计增殖放流30亿尾（粒），力争渔场资源水平恢复到20世纪80年代末的水平，海洋捕捞与资源保护步入良性发展轨道。

随着近海渔业资源的衰竭，远洋捕捞成为宁波发展渔业经济的主要方向。远洋捕捞是指在200米等深线以外大洋区捕鱼、虾等经济动物，又被形象地称为"深海狩猎"。2001年，联合国环境与发展大会宣布，21世纪是海洋世纪，这为人类向海洋进军展示了新的前景。未完全探明的海底世界，蕴藏着大量生物、能源和矿产资源，而随着地球人口逐渐增长、资源日益短缺，海洋生物资源的开拓和挖掘还可能是解决人类食品问题的一条重要途径。发展远洋捕捞业，除了考虑经济因素外，还直接关系到我国未来对全球海洋生物资源的占有，是我国参与构建世界新秩序的重要起点之一，有着巨大的国家战略价值。

从1987年宁波首次派出"海丰825"冷冻加工母船参与国际捕鱼船队以来，已经先后有几十艘远洋渔船"走大洋"，作业海区远涉北太平洋、西南大西洋等海域。2009 年 4 月 26 日，宁波远通海外渔业有限公司的 4 艘远洋渔船远赴印度尼西亚海域，在海外首次建立远洋捕捞基地，这也是我国远洋渔业第一次开发印度尼西亚东北部渔场。目前宁波已经开辟了南北太平洋、印度洋的鱿鱼、金枪鱼渔场。"十二五"期间，宁波努力打造现代化远洋船队，培育宁波的远洋渔业基地，充分利用国家鼓励发展远洋渔业的产业政策，鼓励国内生产渔船从事远洋渔业，重点发展大洋性渔业，推进、促进远洋渔业基地、产品加工和贸易合作平台建设，以提高远洋渔业企业的竞争力。2015 年，远洋渔船数量要发展到 50 艘。

二、海水养殖业

近年来，随着海洋捕捞的海产品数量减少，越来越多的目光瞄准了海水养殖。宁波海洋环境十分优越，为海水养殖业提供了良好的场所。宁波现有的浅海养殖区域在 100 万亩左右，为了拓宽海水养殖的空间，渔业部门实施了渔业资源修复工程，推进人工鱼礁和海洋牧场建设。在"十二五"期间，宁波计划建设象山港、韭山列岛、渔山列岛三大海洋牧场示范区，海洋牧场建设区面积达 50 平方公里，辐射海区超过 500 平方公里。上面这三大"海洋牧场"建成后，预计宁波生态养殖面积占水产养殖总面积的比重将提高到 40%，增殖资源的回捕量将由现在的每年约 3000 吨提高到 3 万吨。

在加大海水养殖产量的同时，宁波还关注养殖产品的转型升级。按照宁波水产养殖主导产品提升计划要求，将大力发展一系列高产高效健康生态养殖，推进水产种子种苗工程建设。2013 年，集中规划建设了 18 家水产养殖示范区（精品园），新增 1 家水产养殖院士工作站，建成一个、启动一个国家级水产良种场，"3+2"主导产品养殖总面积达到 29.67 万亩，水产品出口达到 7.38 亿美元。此外，在渔业产业化基地的基础上，宁波还将通过强化渔业基础和装备设施建设，优化产业结构布局，到 2015 年，重点在象山港、三门湾、南杭州湾等渔业主导产业相对集中连片的区域，集中力量建设3个现代渔业综合示范园区和10个渔业主导产业示范区。

第二节　金融支持宁波海洋渔业的现状和制约

一、海洋渔业金融服务主要特征

由于海洋捕捞业的生产特性，对其的金融支持也必然有自身的特点。具体表现为：①金融支持的风险性。海洋捕捞生产受自然条件、气候条件和资源条件影响较大，尤其是在近海资源衰退后，远洋捕捞更是受到国际海域活动的多种制约，偶然性较大，丰歉很不稳定，直接导致金融投入具有较大的风险。②金融支持的季节性。海洋捕捞业的生产活动与自然季节有着密切的联系，捕捞作业要求不违汛时，必须在特定的季节里完成生产活动，由此决定了资金需求呈明显的季节性。

海水养殖业的金融特性则表现为：①金融支持的风险性。海水养殖业极易受自然灾害冲击影响，台风、赤潮、水温变化等都会造成海水养殖业的严重经济损失，导致投入的资金面临巨大风险。②金融支持的分散性。海水养殖资金的投入具有分散性，资金需求者既有渔业企业，也有个体渔业户，且后者所占比例更大，贷款对象多数为渔民。同时，渔业企业和渔户内部资金投入也较为分散。渔村遍布沿海及岛屿，地域上的分散，导致资金投入也十分分散，管理成本较高。

二、金融支持宁波海洋渔业现状

（一）银行贷款发挥保障作用

宁波是全国闻名的海洋渔业大市，海洋渔业既是海洋经济的支柱产业，也是渔民增收的重要保障。因此，各商业银行以"特色行业、特色业务、特色服务"为抓手,将海洋渔业作为战略支持的重点行业之一,取得了积极的成果。

以民生银行为例,2012 年年初,该行根据前期详细的调查,针对不同的海洋渔业类型,设计了对应的金融产品和五种服务方案,包括近海捕捞金融服务方案、远洋捕捞金融服务方案、水产加工金融服务方案、冷链物流金融服务方案、交易市场金融服务方案等。在业务模式上,民生银行也进行了大胆尝试和不断创新。针对远洋捕捞、水产加工、冷链物流、交易市场等各个产业企业,公司业务组按照"规划先行,批量开发,名单制销售"的商业模式,重点负责名单内客户的开发;针对近海捕捞、交易市场商户、冷链商户 3 个产业集群。小微业务组由支行指派经验丰富的客户经理带队,重点负责个人业务项目下的批量开发和销售。

截至 2012 年 11 月末,民生银行宁波分行共投放海洋渔业贷款 12 亿元,已为 549 家各类渔业企业提供融资服务,其中大公司及中型企业 50 户,授信余额 12 亿元;小微企业 499 户,授信余额 7 亿元。

(二) 渔业互助保险国内领先

全国第一个有关渔业互助保险的立法——《宁波市渔业互助保险管理办法》通过宁波市政府第 50 次常务会议审议,并以政府令第 214 号发布,该《办法》自 2014 年 11 月 1 日起施行。

宁波市于 1996 年 9 月成立渔业互保协会,组织渔船船东参加互助保险,实现渔民自我保障和服务,成立 18 年以来渔业互保业务蒸蒸日上。2011 年宁波渔民参加人身互保 22709 人,比上年增长 4.9%;参加渔船互保 5456 艘,同比增长 23%;保险总额达到 92.1 亿元;受理互保理赔案件 1097 起。

与其他省市相比,宁波市渔业互助保险险种结构比较合理,人身险分伤亡、伤残和医疗三种 6 个档次,船险也有全损、碰撞、第三者责任险三种;覆盖面也比较广。2010 年,宁波渔业互保协会根据渔民损害、伤亡实际赔付费用的提高和船东的要求，在政府对提高部分保额补助尚未到位的情况下，将渔民的人身承保额度从原来的每人30万元提高至每人50万元，赔付随保额同步跟进，收费仍按原标准执行。同时提高了伤残医药费赔付标准。这些措施的落实，进一步减轻了渔民的负担，也促进了渔业互助保险的稳定增长。

（三）政策性保险试点起步

2011年，宁波市开展了水产养殖农业政策性保险试点。保险的主体由宁波市渔业互保协会承担，试点品种为南美白对虾，试点面积达到1.76万亩，基本覆盖庵东、观海卫、龙山等试点乡镇的规模渔场。为了解决定损理赔工作面广量大、人员不足的问题，建立了保险协管员队伍，制订协管员职责和奖励办法。经过两年的探索，养殖政策性保险取得了初步成功，受到了养殖户的欢迎。2013年全市总承保面积为4.28万亩，同比增长115%，以南美白对虾为主，其中，新开展的梭子蟹养殖保险1700余亩，中华鳖养殖保险6000亩。2013年对受灾较为严重的余姚市启用了大灾风险基金24万元，保费理赔比例达到92%。

（四）专业融资担保初步尝试

宁波市有大小捕捞渔船8000多艘，渔业养殖面积60多万亩，渔业从业人员32000多人。每年6月至9月的东海休渔期，渔民会对渔船进行修补和维护，在出海之前还要购买渔具、柴油等物资，这需要大笔资金。对大部分渔民而言，新的资金只有等休渔结束后出海捕鱼才能回笼，因此渔民普遍有融资需求。2013年，宁波市渔业互保协会向市海洋与渔业局提交了相关申请报告，并经市政府审批后于当年8月正式成立宁波市渔业融资担保有限公司，专门为渔民提供融资担保，无须任何抵押物，只需找到1~2名有经济实力的保证人，就可获得贷款，使渔业"贷款难"问题得到了一定的缓解。公司仅成立一个月担保金额就达3000万元。

三、金融支持海洋渔业面临制约

(一) 渔业企业融资难现象普遍

对于远洋捕捞业而言，由于近海渔业资源枯竭，越来越多的渔民有走向更广阔海域扩大生产的愿望。但发展远洋捕捞业，前期投资巨大，宁波不少渔民由于对远洋捕捞将近千万元的造船成本难以承受，而只能望洋兴叹。对于商业银行来说，长期以来，远洋捕捞业属于第一产业中的渔业，其经济附加值并不高，且渔业生产基本上还是靠天吃饭，自然风险大；近年来更是受地缘政治和海盗活动猖獗的影响，生产具有不稳定性，这就给资金的投入带来很大风险，而渔业经济主体通常又缺乏有效的抵押物，使得他们向金融机构贷款时通常会遭遇融资难"瓶颈"。相关调查显示，大多数商业银行出于对风险的考虑，往往对渔业贷款"望而却步"，即使发放贷款，额度控制也比较严格，难以满足渔民的生产资金需要。渔民在得不到银行贷款的情况下，只能转向民间高息借贷，这对渔民的生产生活造成了相当大的压力。

海水养殖业也面临类似的困境。首先，海水养殖业目前仍摆脱不了靠天吃饭的局面。自然灾害导致的高风险直接威胁到贷款的可获得性。2012 年受"海葵"台风影响，宁波市桃渚和小芝等镇稻鱼养殖区发生大面积"逃鱼现象"，南美白对虾因抢收提前上市，造成了一定的经济损失。2013 年强台风"菲特"带来的强暴雨灾害，造成养殖池塘受淹，网箱养殖渔网破裂，大量养殖鱼虾蟹逃逸、死亡，全市水产养殖受灾面积超过 20 万亩，直接经济损失达 8.9 亿元。其次，养殖户缺乏有效的贷款抵押物也是目前面临的难题。虽然海水养殖设施的投资强度、产出强度都不弱于工业企业，但是农业部所颁发"养殖证"并不涉及物权，无法凭此向银行抵押。宁波市海洋与渔业研究院所做的海产品存池量评估，只能用于污染事件的损失评估，而不能作为融资抵押依据。同时，养殖企业一般都是从养殖户到合作社，再到养殖公司的发展模式，大多数公司财务、管理不规范，这些都导致海水养殖企业融资难问题。

（二）水产养殖政策性保险覆盖面窄

据宁波市海洋渔业局统计，宁波市 2014 年拥有的水产养殖面积有近 100 万亩，养殖主导产品包括南美白对虾、梭子蟹、甲鱼和大黄鱼等，但全市水产养殖政策性互助保险总承保面积仅为 4.28 万亩，占全市池塘养殖面积的比例不足 5%。显然，现有的政策性保险无法覆盖大部分的养殖面积和养殖品种，政府的惠农支农政策无法惠及大部分养殖业渔民。因此，宁波市亟须在政策支持、财政补助到位的基础上，进一步完善全市渔业保障支撑体系。

第三节　金融支持宁波海洋渔业的对策建议

一、成立海洋捕捞专业银行或部门

从世界海洋渔业捕捞装备发展来看，出现了渔船大型化、机械化、自动化和节能化，网渔具趋于大型化，捕鱼技术现代化，渔具材料向高强度发展等趋势。而宁波无论在渔船规格、捕捞设备、控制技术等方面都存在很大差距，海洋捕捞业发展想要追赶国际趋势，毫无疑问需要有巨额的资金投入用于设备和技术的更新换代。因此建议宁波成立专门的海洋捕捞信贷机构，给予特殊的政策扶持。支持的方式包括给予中长期贷款资金、优惠利率等。专门信贷机构的成立，也有助于银行积累海洋捕捞领域的专业知识和服务技能，优化资金配置，有效控制风险。

二、加大商业银行对海水养殖业扶持力度

围绕结构优化和品种更新，商业银行应调整信贷投向，支持和引

导海水养殖业向高附加值产出的方向发展。由于宁波生态环境的特殊优势，优质南美白对虾、梭子蟹等品种的产量大，回报率高，风险相对较小，建议金融部门要紧紧抓住海水养殖业结构调整的契机，在严格考察论证的基础上给予相应的信贷资金支持，以推动高附加值海水养殖品种的发展。

三、扎实推进水产养殖保险

海水养殖资金投入大、灾害风险高，养殖户迫切需要水产养殖保险。为此，宁波市 2011 年以来开展了水产养殖农业政策性保险试点，经过近几年来的探索，养殖政策性保险取得了初步成功，受到了养殖户的欢迎。但全市水产养殖政策性互助保险总承保面积为 4.28 万亩，仅占全市池塘养殖面积的 10%，无法覆盖大部分的养殖面积和养殖品种，这就使得政府的惠农支农政策无法惠及大部分养殖业渔民。因此，宁波市亟须在政策支持、财政补助到位的基础上，进一步完善全市渔业保障支撑体系。

四、建立多元化投融资体系

政府的资金扶持毕竟是有限的，远洋捕捞是一个技术密集型和资本密集型的产业领域，是高风险、高投入、回收周期长、专业参与性高的产业，要化解融资难题，必须开辟多元化融资渠道，充分利用民间资本，变单一的间接融资为直接融资与间接融资并重，同时积极引导外资进入该领域，建立起一个以民间投资为主体，国家财政性投资为引导，信贷资金为支撑，外资和证券市场资金等各类资金为补充的多元化的投融资体系。

五、建立海产品期货市场

在远洋捕捞经济活动中，无时无刻不存在风险，很可能引发油料价格、渔用设备价格、水产品价格的巨大波动。无论价格向哪个方向变动，都会给远洋渔业生产者造成损失。而套期保值是以规避现货价格风险为目的的期货交易行为。远洋渔业企业可通过在期货市场买入原材料期货合约，以便将来在买进现货时不致因价格上涨而给自己造成经济损失；也可以通过在期货市场卖出远洋捕捞水产品的期货合约，以规避当现货价格下跌时造成的损失，从而达到套期保值目的，合理规避风险。

第四章　金融支持宁波海洋工程装备业发展研究

海洋工程装备是指用于海洋资源勘探、开采、加工、储运、管理及后勤服务等方面的大型工程装备和辅助性装备，海工装备制造业是我国战略性新兴产业的重要组成部分，《宁波海洋经济发展规划》将海工装备制造业作为海洋经济发展和传统产业升级的重要方向。本章介绍宁波海工装备业的发展特征和趋势，海工装备业的金融支持现状和面临制约，并提出金融服务的创新思路和方向。

第一节　宁波海工装备业发展的特征和趋势

海工装备是人类开发、利用和保护海洋活动中使用的各类装备的总称，主要分为海洋油气资源开发装备、其他海洋资源开发装备和海洋浮体结构物三大类。海工装备制造业是战略性新兴产业的重要组成部分，也是高端装备制造业的重要方向，具有知识密集、物资资源消耗少、成长潜力大、综合效益好等特点，是发展海洋经济的先导产业。海洋工程装备业在国民经济 116 个部门中产业关联度达到85%以上，能带动造船、机电、纺织、化工、能源、采掘、新材料等产业的发展。

我国政府非常重视海洋工程产业的发展，2011 年 8 月，国家发改委等四部委联合下发《关于印发海洋工程装备产业创新发展战略

（2011～2020）的通知》。同年11月，国家发改委又发布了《国家发展改革委办公厅关于组织实施海洋工程装备研发及产业化专项的通知》，进一步明确了支持海洋工程产业发展的相关政策。《"十二五"期间海洋工程装备发展规划》带动的海工装备总投资预计为2500亿元到3000亿元，年均达500亿元人民币以上。21世纪以来，我国海洋工程装备占世界市场份额近7%，在环渤海地区、长三角地区和珠三角地区初步形成了具有一定集聚度的产业区。

根据《宁波海洋经济发展规划》的"一核两带十区十岛"空间功能布局框架，以十大产业集聚区为基础，以北仑、杭州湾新区和三门湾区域为平台，以高技术专用船舶为重点，着力发展海上钻井平台、海底电缆、海洋环保设备等产业。近年来，宁波在海工装备方面有了一定的技术储备和建造能力。2013年宁波海工装备产业发展量质齐升，实现海工装备产值25.5亿元，截至2014年1月底，海工装备订单已经超过100亿元。但是与世界先进水平相比，宁波海工装备制造业发展仍处于幼稚期，存在很大差距。

一、宁波海工装备业发展特征

（一）产业配套体系初步形成

近年来，宁波海工装备业面临良好的发展机遇和政府的有力支持，通过自行研制或引进技术，在海工装备方面有了一定的技术储备和建造能力。象山、北仑海洋装备产业发展都有一定基础，象山于2012年下半年发布的《象山临港装备工业园总体规划》显示，象山将打造总面积达100平方公里的国家海洋重型装备先进制造业基地，其中核心主导产业将是重型装备制造，包括海洋工程装备、工程机械装备、国家新能源装备、重大冶金装备制造和石油化工装备制造等。

宁波拥有一批在各自细分市场具备一定优势的海工装备企业，涉及海缆、整船制造、船用机械配套、远洋捕捞等领域。特别是船舶工业，宁波各类船舶修造企业已发展到65家，拥有一批如浙江造船有限公司、宁波新乐造船有限公司、浙江东红船业有限公司、浙江振宇船业有限公司、宁波博大船业有限公司、宁波恒富船业有限公司、宁波东方船舶修造有限公司、浙江栖凤船业有限公司等造船骨干企业。

除渔船修造、游艇制造以及修船企业外，宁波可建造万吨级以上的船舶生产企业有20家，配套企业50余家，生产能力达到5000万载重吨左右，主导产品包括各类货船、集装箱船、化学品船、沥青船、海洋工程类船舶等。从北仑到象山港两岸以及象山石浦、鹤浦、高塘等地，已形成修船、造船、配套、交易初步成形的产业体系。

（二）行业综合实力显著提升

船舶工业是海工装备的重要组成部分，是港口业、航运业、渔业、海洋工程发展的前提和基础，是海洋经济的先导产业，也是关系到国民经济和发展国防安全的产业。当前国内船舶工业企业总体格局分为三块，分别为中国船舶工业集团公司、中国船舶重工集团公司以及不属于上述两大集团公司管理的地方造船企业。地方造船是我国造船工业十分重要的组成部分，近年来，地方造船获得了快速发展，江苏、浙江、山东、福建四省是地方造船的主力军，从全国地方造船总的情况来看，地方造船的产值占全国船舶工业总产值的40%以上，也就是说，地方造船占全国造船量的1/3多，与两大集团公司形成"三分天下"的竞争格局。

宁波作为全省乃至全国重要的港口城市，具有发展船舶工业独特的区位优势和深水港湾优势，随着国际制造业中心的转移，特别是船舶制造业的东移，近几年来，宁波积极发展中小型特种船舶制造产业，修造船业有了长足的发展，海洋石油平台供应船占世界市场份额35%以上，并形成了集聚效应，更增加了对国内外船舶工业向宁波转移的吸引力。

尽管受金融危机的影响，但宁波船舶修造业的市场占有率仍然逐步扩大，吸引了大量省内外以及国内外的客户，取得了良好的经济效益和社会效益。随着造船设施的完善和工艺技术水平的提高，宁波所能建造的最大单船能力和技术含量高的各类复杂船型的种类不断扩大和增加，船舶建造朝着大吨位、大马力、多用途的方向发展，目前单船建造最大可达到 11.5 万载重吨的多功能货船，4250 箱集装箱船。海洋工程类船舶订单量已居全球第一，占总量的 35%。据统计，2012 年宁波造船完工量为 125.6 万载重吨，新承接订单 30 万载重吨，手持订单 124.3 万载重吨。当年船舶工业实现总产值 119.3 亿元，工业销售产值 96 亿元，出口交货值 60.5 亿元，同比增长 3.6%，产品销售收入 99 亿元，利润总额 4.4 亿元。从全国范围总体客观分析来看，目前宁波船舶工业行业的综合实力在国内同行的地方造船企业中处于前列。

(三) 业内竞争同质化凸显

从当前国际海工装备的产业格局来看，在总承包和设计方面，美国、挪威、法国等欧美国家依然占据着市场的主导地位，掌握着大量的关键设计技术和专利技术；在总装建造能力方面，韩国和新加坡处于领先地位，并具备了部分产品的关键设计能力。与世界强国相比，中国海工装备研发设计能力弱，核心技术依赖国外。除少数骨干企业具备一定研发能力外，宁波多数企业的海工装备基础设计基本上从国外引进。由于自身设计力量薄弱，海工装备建造过程中时常出现严重的返工现象。

近年来，在市场选择和政府推动双重作用下，宁波大量船企纷纷转型进入海工领域，低端装备制造重复上马，而高端的钻采设备几乎无人涉足。宁波海工装备制造业的同质化竞争越来越激烈，已出现"价格战"的恶性竞争。另外，从产业链的视角看，宁波海洋工程装备产业缺乏产业链的合理分工，企业大多只是在地理空间上一般性扎堆，而未形成优势互补、有机融合的共生体。

当前，宁波海工装备产业本土化配套率低，高端设备、核心零部件无法生产或者质量较差，每年大约有 70% 以上的海洋工程配套设备需要进口。海洋工程产品核心技术和核心部件主要依赖进口，仅有部分钢结构、舱口盖、热交换器、油水分离器、压力水柜等粗放型配套产品自主生产，而在关键的核心设备、配套、服务、调试、海上安装及工程总包等方面发展滞后。通常，整体研发设计和关键设备占合同价值的比重超过80%，海工船体外壳的造价不到20%。因此，不少海工企业往往自己只是赚小头，让国外公司赚了大头。这种本土化配套能力低的状况，不仅造成采购成本高，大量利润流失，而且造成采购时间长，影响建造工期。

(四) 技术和人才储备严重不足

海工装备制造企业对技术、人才、金融和配套支持的要求高，宁波海工装备制造业与世界先进水平相比存在很大差距，仍处于发展培育期。

宁波大多数海工装备制造企业目前基本上是参照或直接使用欧美技术来承接海工订单，产品缺乏创新能力。除此以外，企业也缺乏管理经验，因此极易受外部供求波动的影响。总体发展方式粗放，布局分散。海工装备制造业之间缺乏联动发展机制，钢铁、石化等产业与海工装备制造业等产业之间经济、技术联系不紧密，协作不充分。

与上海、哈尔滨、无锡等一些城市比，宁波缺乏拥有船舶与海洋工程类专业的知名高校或重点科研院所，海洋工程装备产业可利用的本地科技创新资源较为贫乏。与大连、青岛等同类城市相比，科研机构的数量和级别及成果的总量和质量有一定差距，在基础理论与应用研究方面有较大的提升空间，涉海企业工程技术中心、研发机构、重点实验室、博士后流动站等作用有待开发。与此同时，人才储备严重不足，宁波尚未制定引进海洋高技术人才的相关配套政策，从事海工装备制造产业技术研发、管理和营销等中高级人才匮乏。

二、宁波海工装备业发展趋势

(一) 结构性产能过剩趋势

近年来，宁波造船业取得了巨大的发展，特别是民营造船企业发展迅猛，综合竞争力提升了很多。但船舶产业快速发展随之带来的问题就是产能结构性过剩，众多船舶制造企业急需转型，寻找新的利润增长点。而海洋工程装备未来需求强劲，且其利润率远远高于传统造船，因此宁波越来越多的造船企业开始调整产品生产结构，很多大型船舶企业纷纷借助海洋工程装备转型，努力进军海工制造行业，扩大海洋工程装备基地建设，力图将过剩的造船产能转化为海工装备产能。

但是海洋工程装备技术含量高，产品单位价值也高，因此对造船企业的技术、资金等方面都有极高的要求。受技术、人才及配套产业支持限制，相对于国有和外资造船企业，宁波民营造船企业海洋工程装备的发展起步晚，产业基础薄弱，并且独立研发设计水平较为低下。而且宁波民营造船企业关于海洋工程装备的发展扩张过快，存在一定的盲目性，产品竞争领域重叠严重，主要集中在浅水和低端深水装备领域，而高端海洋工程装备设计建造基本空白。海洋工程企业扎堆于价值链低端，海洋工程装备产品供求结构不均衡，这些将可能导致宁波海工类产品的发展在未来再度出现结构性产能过剩问题。

（二）向产业链高端转移趋势

为了克服宁波海工产业可能面临的结构性产能过剩问题，一方面，近年来宁波海洋工程装备企业积极投身国际市场，承接的国际船舶占相当的份额，如浙江神洲、宁波博大等船企奋力开拓东南亚市场，承接国外船舶建造；浙江造船厂不断拓展高端海洋工程辅助船项目。另一方面，通过引进在行业中具备较大影响力的海洋装备产业的龙头企业，以及其他具有高附加值、高技术含量，符合未来产业发展方向的一批项目，带动整个产业链向高端延伸和发展。

从发展海洋工程装备业需要的土地、水、电、岸线、资金等生产要素来看，目前企业面临着融资难、融资成本较高、土地紧张等制约。且随着劳动力成本的逐年增加，宁波在低端海工产品建造领域的优势正在丧失，中低端海工产品建造的中心将向成本更低的国家和地区转移，而海工产业链其他环节的市场重心也在世界范围内转移。面临资源的制约和国际产业环境的变化，宁波海工装备产业必须下大力气推动行业从量变到质变的发展，向产业链高端不断伸展。

（三）合作与联动发展趋势

在信息技术和知识飞速发展、广泛传播的全球化背景下，任何技术力量雄厚的单个企业都难以从内部获取创新所需的全部知识资源，整合内外部创新资源进行研究开发和利用内外部渠道进行商业推广的开放式创新已成为提升企业竞争力的必然要求。同时，构建合作创新网络，形成外部知识来源与内部知识体系的有机互动，也是推动产业集群转型升级的重要内在机制。宁波海工装备业的合作创新主要表现在以下四个方面。

一是通过协同创新，引导宁波海工装备产业的不同企业在细分海工装备市场里做专、做精，加快推进高端配套产品项目建设，进而推动产业集群由配套不完善、同质化竞争的低级阶段向产业链配套协作、专业化分工明显的高级阶段演进。

二是陆海企业联合发展。陆上装备制造企业与造船及海工装备制造企业的战略合作，形成以海带陆、以陆促海、陆海结合的产业格局，实现联动发展。例如，北仑除了已有的海洋装备产业以及整体装备制造产业基础和岸线资源外，穿山半岛崎南的优势还在于"内联外联"的地域优势，即一方面具备腹地支撑，经过白峰片与北仑区域直接相连；另一方面对外通过海域可以与舟山群岛新区和象山联动，形成产业链合作和延伸等，完全可以形成陆海合作发展局面。

三是以重点产品或共性关键技术为纽带的协作同盟，形成相关产业既有专业化分工，又能协作共赢的良性合作格局。现有海工企业与国内外知名企业合作嫁接，引进新加坡、欧美、日韩等国际一流的知名企业集团落户，同时争取环渤海产业圈、长三角产业带、珠三角产业带的优势资源向宁波转移，提高宁波海工企业的国际竞争力。

四是合作模式多样化。宁波海工装备企业对接大公司、企业集团，采用联合开发、相互持股、并购重组、签订战略合作协议等多种合作方式，以实现资源共享、优势互补。

第二节　宁波海工装备业金融服务现状和制约

海洋工程装备业属于资本密集型行业，这一属性决定了海工行业与金融之间天然的密切联系，金融体系的支持对于海工产业的发展发挥着至关重要的作用。海洋工程装备企业作为竞争市场中的微观经济主体，需要对其技术创新以及设备的更换开发辅以长期资金支持，因此，金融资本对海工装备业的作用贯穿于产业发展的全过程；海洋工程装备发展的多层次特征导致对融资方式多样性的要求，只有构建一个系统全面且运行良好的金融服务体系，才能促进海洋工程产业健康快速发展。

一、宁波海工装备业金融服务现状

（一）银行贷款是基本融资方式

海洋工程行业单船价值高，单艘深海半潜式钻井平台的价值就高达 6 亿美元，自升式钻井平台的价值也需要 2 亿美元。船东在项目建造前通常会和下游用户签订长期的租赁合同，得到租赁合同后开始寻求项目建设资金，用项目运营租金偿还银行的本金和利息。高额的单船价值必然要求项目建造投入大量的成本，对资金持续投入能力的依赖性高。一般而言，船东在项目交付前只能支付全部合同 10%～20% 的款项，剩余 80% 的部分需要船厂自行融资完成项目建设，这要求海工企业具备足够的资金实力支持订单的连续承接和建造，这也是海工企业的资产负债率居高不下的一个主要原因。

另外，资金占用时间长。由于海工项目长期在海上服役，需要克服气候环境的变化影响，造成海工项目建造难度系数高，建造技术复杂，建造周期比传统的造船行业长，通常需要 2~5 年的周期。建造时间周期的特性决定海工产品占用的资金周期长，常规的短期流动资金不能满足海工项目建设的资金需要，海工企业需要向银行申请长期信贷额度满足项目建造周期的资金需要。

"十二五"期间，宁波市政府加大了对海工装备企业的流动资金贷款和出口信贷融资支持力度。目前，包括中国进出口银行、国家开发银行、中国银行、工商银行、中国民生银行等数家银行对海洋工程这个新兴产业态度比较积极，积极开拓出口信贷等融资服务，如作为国内最重要的融资银行，中国进出口银行积极扩大船舶出口买方信贷规模。宁波海事局也加大对船舶企业的帮扶力度，推动有关部门在融资、信贷政策上对航运企业的发展给予政策倾斜和支持。2012 年，宁波辖区共有 128 艘船舶通过抵押融资，同比增长 7.6%，年度新增船舶抵押融资总额高达 31.12 亿元，同比增长 15.4%。

(二) 融资租赁业务逐步兴起

海洋工程装备是国家重点培育和发展的战略性新兴产业。海工业务的向好为海工融资租赁业务的开展提供了巨大的发展空间。但由于采购海工设备所需资金庞大，在国际上，除了贷款融资外，常常通过融资租赁、船舶产业基金等多渠道完成。通过融资租赁方式来采购设备，租赁公司会提供一整套融资租赁方案，包括前期融资、后期租赁等方面。

海工单件设备价值非常高，一个项目往往就需要大型租赁公司中的一个专业团队来完成。这些团队的优势在于对行业内部非常了解，可以更好地获得前期融资，帮助船企和海工运营商解决资金问题，同时也可有效地分散融资机构风险，因此目前在国际上有众多制造商、运营商通过这种渠道完成业务交易。租赁市场正逐步成为海工船舶和设备融资的又一重要子市场，很多海洋平台融资较多采用租赁模式。正是看到了这片船舶租赁市场中的新蓝海，工银、民生、招银、中海油等纷纷进入海工平台的融资租赁业务，金融租赁公司获得了快速的发展，已成立的金融系租赁公司达 10 家左右。其中，民生租赁、工银租赁更是在海工领域已经拥有了相当规模的船队，极大地填补了船舶融资租赁市场的空白。

宁波具有较好的造船产业基础，由此催生了巨大的船舶进出口需求市场。大量的海工设备需要通过新的融资方式完成设备采购，目前融资租赁已成为宁波一批海工设备制造企业优化财务报表的首选。宁波梅山保税港区根据国际国内融资租赁行业的发展情况，结合本地实际，确定了以船舶、医疗器械、海洋工程等设备融资租赁业务为重点突破口，鼓励发展上述设备的出口跨境租赁业务和进口保税租赁业务，通过保税与融资租赁结合，鼓励融资租赁公司开展保税租赁业务，开展大型设备 SPV 项目，开展以盘活固定资产为目的的融资业务，为国内进口设备采购方提供资金融通，为出口设备生产商提供产品促销增值服务。

（三）海洋产业基金方兴未艾

海洋工程装备产业周期长，势必需要长期大量的资金。产业投资基金作为金融创新的工具，集引资、集资及投资等诸多功能于一身，可有效地将全国乃至世界各地的各类资金集中运用于宁波海洋经济的发展，有效解决资金不足的问题。而且由于产业投资基金的可复制性，只要得到投资者的认同，产业发展的资金可源源不断引入宁波。

宁波市政府通过私募的方式，从民间募集资金，于 2011 年 11 月 15 日发起设立了总规模达 100 亿元的海洋产业基金，这笔基金投向包括海工装备在内的各海洋产业领域，从而推动整个产业的发展。宁波海洋产业基金的主要功能定位于调动金融资本，支持宁波市海洋基础设施建设，形成产业核心竞争力，促进海洋资源可持续循环开发；提高资本利用效率，促进高新技术与海洋产业发展相结合，促进海洋产业结构升级，提高海洋产品附加值；以建设和完善现代海洋产业体系为核心，优化海洋产业布局，促进海洋产业之间及其与陆域产业的融合。虽然受国内外经济环境影响，该基金运行状况不尽如人意，但为宁波今后设立类似产业基金，助推海洋产业发展提供了可资借鉴的宝贵经验和教训。

（四）国际结算方式日趋多样

通常海工项目技术含量较高，建造工艺复杂，规模庞大，最终产品由众多零部件构成，需要向几百个国内外供应商采购物资。以深海半潜钻井平台为例，其建造完毕后需要在3000米水深进行钻井服务，其技术需要克服恶劣的气候条件及具备长时间在同一海域中使用的能力，涵盖了钻井系统、动力定位系统、救生系统、主机系统等100多种操作系统。国内目前尚不具备将这些主要系统国产化的条件，先进设备技术被欧美国家垄断，宁波厂商高度依赖进口零部件采购，且采购源自多个不同国家，采购合同币种多样化，包括欧元、美元、挪威克朗、新加坡元等多种货币。

不同的供应商要求的结算方式也多样化，包括电汇、信用证、托收支付等多种方式。即使同种结算方式，也涉及不同种类，因此海洋工程行业支付方式涵盖面广。以信用证为例，根据供应商要求不同，分短期、长期、可转让、不可转让等不同类型的信用证种类。同样，在银行保函的使用过程中也体现了这一特点，同一个项目建造，需要投标保函、预付款保函、履约保函、付款保函、质量保函等不同类型保函的使用，其特点造成结算方式的多样化。

（五）财政税收支持力度大

以宁波市船舶修造大县象山县为例，县财政局提出了以下的支持方案：

一是税费优惠政策。①对新合并企业的注册资本、生产规模、当年销售均达到规定目标的各档次额度，增幅超过合并之年20%的；对在2010年7月1日前落户在宁海高塘岛乡的船配基地企业、投资额在1000万元以上，其中设备投资占40%以上的船配项目，均可享受两年企业实缴增值税、所得税县财政留成部分的不同比例返还用于发展再生产；②对企业引进的各类高中级职称人才，工作满一年且从事生产技术工作的，其按规定缴纳的个人所得税，县财政留成部分的80%予以返还；③对基地土地出让金收益，县可得部分全额给予当地乡政府，用于基地配套建设。对企业组建集团公司，变更土地、房产、设备、知识产权等所涉及的各项税费，县财政所得部分给予全额奖励。

二是政府奖励政策。为支持企业兼并联合，做大做强，对符合《船舶评价标准》规定的一级 I 类造船企业、销售收入首次突破 5 亿元以上各档次的企业、拥有自主知识产权和创新开发能力的企业，均给予不同额度的奖励。

三是政府补助制度。对企业所建现代修船基地设施的船台和万吨级以上船坞，对企业新建 5000 吨以上散装码头，对新获得英国、德国、挪威、日本等国际知名船级社队及我国船级社队认证的企业，均给予不同的额度补助。

四是支持金融创新。鼓励支持金融机构、担保公司开展免担保保函业务，积极破解在建船舶抵押贷款"瓶颈"，拓宽船舶企业融资渠道。积极鼓励企业参与出资保函公司建设，凡企业出资额度在 500 万元以上的，县财政按出资额的 20%给予配套资本金。

二、宁波海工装备业金融服务制约

（一）金融服务品种单一

宁波海工企业多以银行信贷的传统形式融资，商业银行的资金投入大多采取对企业的直接贷款方式。但目前国内相关融资体系不健全，与国外发达的信贷种类相比，国内信贷支持种类显然不够。首先，缺乏针对中小船厂的融资品种。宁波船舶出口企业多数为中小型企业，担保能力有限，融资能力较弱，主要还是沿用传统的担保方式，财务成本较高，不利于提高企业在国际市场上的信誉和竞争力。其次，融资范围过于狭窄。海工金融业务目前处于初级阶段，主要集中于上游船舶制造业贷款，提供的金融服务品种少，业务规模小。多数银行主要经营船舶制造业、航运业的一般贷款，如流动资金贷款等，而对中游及下游航运类客户所提供的服务则十分有限。最后，涉海信贷的常用抵押品海域使用权、专利、船舶等转让交易市场不够发达，银行处置抵质押物有相当困难。

相关保险产品匮乏。金融为海洋经济服务的另一个关键点，是能否发展出适合海洋经济特点的各种保险产品和用于对冲风险的产品，以有效管理海洋经济发展过程中的各类风险。而宁波涉海保险发展不足，也缺乏专门针对海洋工程的政策性保险等产品。

直接投资发展缓慢。海工装备制造业对资金的依赖程度高，应当依托信贷市场、证券市场、租赁市场这三大融资市场来获取资金。但从目前来看，宁波的海工上市企业一家都没有，债券融资的金额也很少，海工企业缺乏投资者。融资主要来源于信贷市场，负债类业务种类明显多于权益类业务种类，金融工具与融资渠道单一，无法满足海工企业发展对资金流动性、可交易性、灵活性和安全性等方面的个性需求。

（二）资金投入力度较小

一是信贷市场对海工装备企业的信贷条件非常严苛。由于金融机构对海工企业的生产制造能力难以掌握，同时国内又缺乏权威的海工专业咨询机构，这不仅使金融机构对没有相关建造经验的海工企业及中小海工企业避而远之，对即使具有一定建造经验的大型企业信贷也慎之又慎。从各大商业银行的表现来看，在金融支持实体经济的总体要求下，一些融资业务虽有所恢复，但整体而言惜贷情绪依然严重。

二是针对海工企业的信贷创新产品不多。相对于融资需求而言，资金供给总量依然不足，融资市场的总量缺口与结构矛盾短期内难以化解，融资难依然是面临的一大问题。例如海工装备制造业的长期贷款主要采用传统抵押贷款的形式，贷款期限长、资金数额巨大，抵押物变现困难，对银行来说是高风险的资产。

宁波海洋工程装备产业起步不久，加上其高投入、高技术的特性，使得产业的金融需求与金融机构的供给存在不匹配情况。总体而言，当前金融部门针对海工企业的创新产品不多，金融制约现象较普遍，企业的发展面临资金"瓶颈"。

第三节　金融支持海工装备业发展的国际经验

从过去 20 年间世界造船业的发展看，无论是传统的造船国家还是新兴的造船国家，无不重视海洋工程装备船的建造。目前，海洋工程设备的产业链高端主要集中在新加坡、日本、韩国和美国。从各国船厂角逐海洋工程设备市场的情况看，新加坡船厂一直独占鳌头，以修船见长的新加坡船企，独辟蹊径，在海洋开发设备市场上占有重要地位；美国及欧洲部分船厂已在商船建造领域失去了竞争力，但凭借其深厚的技术力量和庞大的国内市场需求，依然保持着海洋工程设备的研发和建造实力，欧美一些船厂还利用地理位置优势（靠近墨西哥湾油田），以及与专用设备供应商的密切联系，将重点放在专用设备的安装上；韩国和日本大型造船企业如现代重工、三星重工、万国造船等，几乎都将海洋工程设备的研发和建造列为发展重点。

一、韩国经验

近几年韩国船厂高度重视海工设备研发和建造，把 FPSO、钻井船/平台等大型设备作为主要的开发目标，在国际竞争中逐渐占了上风，特别是钢结构工程已接近垄断地位。韩国海工装备金融市场的资金供给主要来源于商业银行、政府和资本市场。

一是政府财税支持。政府出台政策支持造船，在资金和政策上给予扶植。韩国政府主要实施隐性资金支持，如在出口退税、国内减免税、银行贷款利息优惠与贴息、汇率升值部分补贴、外汇保值等政策方面给予支持。由于政府地位的特殊性以及资金的数量有限，必然导致资金供给仅仅涉及特定的企业，覆盖面小，而且政策变化导致资金不确定性较大，并非船舶制造企业稳定的资金来源。

二是金融市场支持。商业银行是船舶金融市场资金的主要供给者，资本市场也是船舶资金供给的一个来源，长期来看可能成为船舶金融市场主要的融资场所。韩国政府出台政策支持有实力的企业开发各种新式船型，船舶制造企业注重研发，各种技术含量高、附加值高的船舶制造遥遥领先，这为银行发展此类授信业务提供了良好的市场环境。韩国商业银行对这类船舶产品进行专项融资，支持船舶制造企业研发特种船型和核心设备。

另外，商业银行还采用银团贷款来分担风险。建造船舶需要大量的资金，银行贷款一般占船东购船金额的 60% ~ 80%。贷款数量庞大，期限较长，所以韩国商业银行通过辛迪加方式由国内外多家银行共同参与，以银团贷款的方式提供资金。既落实解决了造船企业的融资需求，也能实现金融机构风险分担、利益共享。

三是政策性金融支持。韩国通过国内政策性银行（主要有韩国输出入银行和韩国产业银行），积极利用政策性金融工具，为海工产业提供了大量的金融支持，大大解决了海工产业发展过程中设施建设融资困难、建造资金不足和出口竞争力弱等一系列问题。韩国对海工产业的政策性金融支持主要集中在出口信贷、造船、设施建设和海工企业改组四个领域，由政策性银行为这四个领域提供相应的支持，支持方式主要包括优惠贷款、贷款担保、债转股等。政策性金融的支持在韩国海洋工程的起步、成长到繁荣的过程中发挥了不可低估的作用。

二、美国经验

美国 LeTourneau 公司是自升式钻井平台设计先驱，全世界 1/3 的自升式平台是 LeTourneau 的型号。海洋油气的开发高风险和设备昂贵的特点决定了只有财力雄厚的石油公司或服务商才能拥有或经营该类海工装备。美国是世界海洋石油开发服务公司最为集中的国家，其各种装置的拥有量占全球该类公司拥有装置总量的75%以上，许多公司都有资金充裕的财团在背后支持。

美国一直对船舶工业实行强力支持。制定于1938年的"联邦船舶融资计划（《1936年商船法》的第六章）"是美国海事管理局一个重要的援助计划，以促进美国造船厂和美籍商业船队的发展和现代化。美国海事管理局管理这一计划，负责接收和处理商业船东和造船业者为申请美国政府贷款和债务提供的信用担保，让船东获得更好的船舶，让船厂以有吸引力的项目获得长期的财政支持，使它们获得商业援助。

美国政府20世纪70年代对造船业提供造船补贴达到船价的35%~50%，80年代军船建造任务充足，造船补贴被取消。1991年后政府加大了军转民的力度，鼓励军船制造厂进入商船市场。自1993年以来，美国海事局批准了6.75亿美元的信贷担保，用于支持8.57亿美元的商船建造和阿冯戴尔船厂、国家钢铁和造船公司等企业的现代化技术改造。政府按照商船法第11条款（通常称为Title XI），还对纽波特纽船厂投资1.15亿美元进行现代化技术改造，政府以各种名义为造船业提供低息信贷担保，大力支持造船业生产高附加值的新型船舶（如豪华游轮、双层结构超级油轮等）。

美国海事管理局为了改善美国舰船建造能力，通过两项计划来为美国造船厂提供有效预算和担保贷款。一是小型造船厂援助计划，2009年美国海事管理局通过了旨在向美国国内的小型造船厂提供70笔总共9800万美元经费援助的"小型造船厂援助计划"。海事管理局的这一经费援助计划是作为美国国会当年2月通过的称作《2009年美国复兴和再投资法案》的一项经济刺激计划的一个组成部分予以实施的。各造船厂利用这些经费对原有的装备、训练和信息技术进行了改造。那些雇用600~1200名工人的很多有意实施装备改造计划的小型船厂，都得到了占装备改造所需经费75%，数额从7.8万美元至400万美元不等的政府经费援助，而企业只需要支付剩下的部分。二是国家造船计划，克林顿政府推进了一项耗资巨大的"国家造船计划"，为在美国船厂建造的船舶提供船价的87.5%的信贷担保，还款期25年，使12家能建造122米以上船舶的造船厂获益。

三、日本经验

日本造船业之所以得以发展，离不开政府利用产业政策对船舶工业实行的扶持。具体体现在以下四个方面：①行政性直接干预和行政指导。到1982年，政府拥有对造船工业行政干预权力的法律规定达32项之多。②财政、税制、金融措施。日本造船业通过"计划造船"和"延期付款贷款"方式，国家实际上向造船业提供了间接的资金援助，政府还为造船企业提供财政补贴。在税收方面，当船厂利润率在2.5%时，税率为1.3%，利润率在3%时，税率为1.6%，实行弹性税率。③对国内外海运业提供巨额贷款，以刺激对日本制造船舶的需求。④通过关税壁垒等措施，对民族造船业实施产业保护。

政府扶持助日本造船业渡过危机。1973年，第一次石油危机爆发，面对国际船舶市场需求急剧下降的情况，日本造修船能力严重过剩，造船企业面临巨大的经营风险。为此，日本政府首先通过限制船厂开工量、禁止个别企业对造船的垄断、停止新建扩建大型造船设施、减少造船设施等行政和法律措施，将造船能力减少了37%。其次，成立了拆船事业促进协会，以促进拆船，由协会向拆船厂提供补贴，为船厂增加工作量。通过这项政策，日本扩大造船内需并有效提升了远洋航运的国际竞争力。最后，通过恢复贴息加强计划造船制度。日本修改了融资条件，对实行计划造船的项目，开发银行融资比例为船价的65%~75%，贴息率为2.5%~3.5%，刺激了船东的造船需求，使计划订船量迅速增加，有力地解决了当时订单需求不足的情况。通过削减造船能力和最大限度地扩大内需，加以有力的金融支持，日本造船业顺利渡过困难期，并继续占据当时国际造船市场霸主地位。

四、新加坡经验

21 世纪以来，新加坡船厂开始自主研发，进一步向高附加值产业领域发展，逐步实现产业升级。从 1998 年到 2010 年，新加坡海洋工程业营业收入从 9.5 亿美元增加到 80.8 亿美元，增长了 7.5 倍，占海洋工业总收入比重也从 24.6%提高到 60%。

新加坡合理运用多元化资本缓解船东定船压力，成为海洋工程发展的最大赢家。以吉宝岸外与海事集团为代表的新加坡海工企业在以融资手段获取订单方面经验丰富，特别是在海工市场低迷，船东资金压力大的时期，新加坡海工企业通过与船东合资建造海工产品或成立合资公司向本企业订造海工产品等方式，承担船东的部分资金压力和市场风险，并给予船东在一定时期内购买所建海工产品剩余权益的权利。在钻井平台等海工产品获得租约后，由于市场风险明显降低，船东一般会收购剩余权益，形成双赢的局面。通过这种分担船东融资压力和运营风险的方式，新加坡海工企业保持了相当的订单量，同时也积累了技术、经验和资金，与船东建立了良好的合作关系。

第四节　金融支持宁波海工装备业的创新思路和对策建议

一、金融支持宁波海工装备业的创新思路

海工装备融资创新的指导思想是以促进区域资金横向融通，完善立体化的融资体系为核心，拓展融资渠道，开发相应的融资模式，通过对传统金融工具的拓展、国际创新金融工具的引进和新式金融工具的开发，弥补宁波海工装备产业发展的资金缺口。

(一) 金融支持宁波海工装备业的创新思路

海洋工程装备产业是宁波海洋产业建设中的重要一环。针对海洋产业融资中存在的直接融资比例较低、融资担保能力较弱、传统金融体系无法满足海工产业发展要求等问题，在进一步提升银行贷款供给总量、增强银行信贷融资保障能力的同时，亟须根据宁波海工装备投资项目特点、产业发展策略、企业生命周期、风险收益特征、资产规模特征等因素，充分利用结构化融资、产业链融资等金融创新技术和灵活融资方式，充分利用股权融资、上市融资、债券融资等直接融资机制和资本市场平台，引进先进融资模式，创新多元化融资产品，有效拓展海洋产业的融资来源，改善海工企业的融资结构，促进宁波海洋工程装备产业的可持续发展。

(二) 金融支持宁波海工装备业的创新重点

金融创新的重点是扩大与银行合作，建设海洋专业银行；吸引社会投资，加快发展创业投资、产业投资等股权类投资；利用各种金融工具开展上市融资、发行投资债券、创建海洋工程装备产业发展基金等；设立股权投资、信托和创业等多形式基金支持海工产业项目开发，多渠道提高直接融资比重。积极探索各种基于海洋产业链的产融结合新型模式，进一步拓宽海工装备产业的融资渠道和资金来源。

具体做法一是积极拓展企业直接融资渠道，在发行股票、企业债券、中期票据、短期融资券等直接融资筹集资金方面，政策应向海工装备生产企业倾斜，鼓励风险投资、信托资金等进入。二是通过企业、社会公众、财政等多途径出资，筹集成立宁波海工装备制造业发展基金，为促进宁波海工装备制造业的发展提供资金支持平台。三是积极构建政银企合作交流机制，建立融资项目信息库和信息共享平台，推介一批产业重点项目，通过银企对接会等形式，引导银行业金融机构采取项目贷款、银团贷款等多种形式，优选满足产业的信贷资金需求。

二、金融支持宁波海工装备业的对策建议

（一）大力发展直接融资

利用资本市场发展直接融资不仅是弥补我市经济建设资金缺口的一条主要渠道，也是解决海工企业融资问题的有效途径。宁波市应尽快完善企业直接融资促进机制，加快直接融资步伐，促进海工产业的快速健康发展。

要支持符合条件的海洋工程装备制造企业通过股票市场融资，提高上市公司融资规模；要按照上市公司要求对大型海工企业进行规范的股份制改造，着重从产业创新、技术创新和管理创新三个层面，对公司的经营、技术开发和管理体制进行不断地调整和优化，提高整个公司的质量，夯实融资基础，实现可持续发展。

要帮助海工企业积极争取发行债券机会，以改善融资结构。对中小海工企业而言，发行一定数额的债券也能给企业的发展筹集相当的资金，但这需要企业良好的信誉做保证。因此，抓住国家宏观金融政策向好的机遇，市政府有关部门要积极向上级争取债券的额度指标，选择一些好的项目或企业发放企业债券，及时做好逐级上报审批工作，最大限度地筹措资金。企业则需要树立良好的形象，建立完善的企业信用评级和信息披露制度，获得更好的融资机会。此外，还可以通过资产证券化等多种方式，筹集社会资金投资于海工项目，加快海工产业发展步伐。

（二）提供多元化金融服务

各金融机构要积极创新，为宁波市海工产业发展提供多元化的金融产品。一是要积极开展保函业务。保函业务的开展不仅有利于海工产业的快速发展，也将给金融机构带来中间业务收入的大幅增长。各金融机构要充分认识到开展保函业务的重要性，尽快出台保函业务相关操作细则。二是大力发展融资租赁业务。租赁公司采用出租方式将

订造的装备租赁给海工企业使用并收取租金，与银行贷款相比，融资租赁减轻了融资企业的财务负担，且更灵活和方便。在不提高航运企业负债率的情况下，解决了融资造船的难题，同时又为船厂增加了订单。目前，海工装备租赁已经成为仅次于银行贷款的第二大海工业融资渠道。作为崛起的第三方势力，融资租赁逐渐成为船舶融资的主流渠道。三是要探索保单融资业务，发挥好保险机构支持经济作用。积极开展商业承兑汇票、票据贴现、押汇贷款等业务的试点工作，支持信誉良好、产品有市场有效益的海洋工程装备企业加快发展。

(三) 尽快设立海工产业基金

发展海工装备产业投资基金是世界海工装备强国普遍采取的做法。通过发行基金单位，将投资者的不等出资汇集成一定规模的基金资产，交由专门的投资管理机构管理，直接投资于海工装备产业的未上市企业，并通过资本经营和提供增值服务对受资企业加以培育和辅导，最后经股权交易获得较高的投资回报。宁波市应加快海工产业基金设立的相关论证，积极组织有关部门做好产业投资基金可能进入企业和项目的名单筛选推荐工作，为海工基金发展打造良好的金融市场环境。

(四) 不断完善金融生态环境

金融体系要在支持海工产业发展中发挥重要作用，良好的金融生态环境是基础。要加快以金融机构和金融市场为服务对象的企业征信体系建设，做好征信基础数据库系统的维护工作，推进银行信贷登记咨询系统的升级改造，建立统一的企业信用信息平台和信用评估系统，向社会提供权威、完备的信用信息服务。大力支持包括征信公司、资信调查公司、资信评估公司、信用担保公司在内的信用管理行业的发展，实现信用资料收集、分析、管理和使用的社会化、专业化、系统化和数字化。要完善诚信激励和失信惩戒机制，利用法律约束、行政处罚和经济制裁等手段，强化对失信企业的惩戒。

第五章　金融支持宁波海岛开发研究

　　海岛是宁波经济社会发展中一个特殊的区域。它既是优化海洋经济发展布局的重要载体，又是打造现代海洋产业体系的重要环节，构建"三位一体"港航物流服务体系的重要支撑，推进海洋生态文明建设的重要保障，具有很高的资源、生态和经济价值。国务院正式批复的《浙江海洋经济发展示范区规划》，对宁波加快海岛的保护与开发具有重大指导意义。本章主要研究宁波海岛开发的特征和趋势，分析金融支持宁波海岛开发的现状和面临制约，并在借鉴国际经验的基础上，提出金融支持宁波海岛开发的创新思路与对策建议。

第一节　宁波海岛开发特征和趋势

　　宁波拥有丰富的岛屿资源，共有 500 平方米以上的大小岛屿 531个，总面积约 524 平方公里，占全省总数的 1/5，岛屿岸线长 758 公里。主要分布在东部海域，大致分成 4 片：穿山半岛两侧、象山港内、三门湾内和象山东部沿海。岛上居民以渔业为主，兼有港口和旅游等资源开发。宁波遵循海岛资源"分类管理、有效保护、科学开发"的基本思路，加强科学有效开发，把海岛建设作为海洋经济新的增长点。

一、当前海岛开发面临的普遍问题

近年来，随着国家对发展海洋的重视，我国的海岛开发与建设发展迅速。在海岛开发的过程中，也出现了一些新问题、产生了新矛盾。在海洋经济大发展的背景下，作为我国海洋经济发展第二海岸带的海岛越来越引起人们的关注。

(一) 海岛生态环境恶化，开发利用价值下降

海岛具有丰富的生物种类，但随着人类对海岛掠夺式无序的开发，使海岛生物物种濒临灭绝，海岛生物多样性面临严重威胁。单一的渔业捕捞方式加上过度捕捞，难以形成鱼汛，鱼类种类和数量急剧下降，导致海岛渔业资源日益减少甚至面临枯竭，很多渔民被迫转产转业。海岛开发的无序和只顾追求眼前利益，如有些地方在岛上乱采石料，砍伐植被，到处挖砂，更有甚者采取炸岛、炸礁等破坏力极大的方式，这些都严重破坏了海岛资源的整体性和协调性，甚至影响我国的领土主权和领海安全。

随着沿海工业的快速发展，周边海域污染物大量增加。海上油田开发和海上石油运输泄漏导致海岛与周边海域环境遭到不同程度的污染，使得近海养殖和海水浴场面临巨大挑战。早期开发海岛的过程中由于缺乏对海岛的全方位勘察，大力修建海岛工程，其中有的过程改变了海岛原有的海体系和水动力条件，对海岛的生态环境产生不良影响。

开发主体对海岛的生态脆弱性认识不足，环保意识不强，也是造成海岛环境污染和生态破坏事件频发的重要原因。海岛相对封闭的环境，使得海岛人文气息不够浓厚，居民的受教育权利难以保障，导致居民整体文化水平相对较低。在开发与利用海岛的过程中，海岛渔民及私营企业由于其逐利性往往采取粗放型、破坏型的方式，给海岛造成不可弥补的损失，对海岛经济持续健康发展极为不利。

（二）法律法规制度缺失，开发与保护协调不足

海岛更多时候采用陆地法律法规，缺乏针对性，这与其自身独特的环境和条件不相符合。海岛特殊的地理环境和自身的特点决定了其适用法律法规的特殊性，生搬陆地相关规定会导致"水土不服"，因此探讨研究海岛开发利用的管理模式，并以法律的形式加以固化就变得十分必要。我国海岛方面的法律不完善，海岛开发利用制度不规范，政策不够具体、细化，规划、区划的指导不够明确，导致海岛在开发利用过程中的选择性和任意性较大。

海岛开发缺乏整体规划，对于条件好的能马上看到收益的岛屿大家蜂拥而上争抢开发，而对于条件差开发成本大，或者回报周期长的岛屿则无人问津。这种只顾眼前利益急于得到收益的海岛开发方式，对海岛的整个自然生态造成严重破坏，导致海岛自然灾害加剧。

由于缺乏规划以及监管不到位，无居民海岛的破坏程度更为严重，甚至被当作倾倒垃圾和有毒有害废物的垃圾场。这些行为对海岛自然条件造成了极大的破坏，使海岛生态环境急剧恶化。

（三）海岛开发成本高，投资风险大

通常情况下海岛开发的成本很高。根据海岛的大小，开发投资金额从几千万元到几亿元甚至几十亿元不等。

首先是申请获得海岛开发权的费用，不但涉及的使用金、租金费用高，而且50年的全部费用需要一次性收取，开发一个无居民海岛，仅仅使用金至少就要上亿元。其次是前期的勘探费用，前期要到海岛做地质、水文的调查，一方面确定岛屿的地质能否打出淡水；另一方面从水文方面考虑岛屿是不是"低潮高地"，也就是说，涨潮时海岛就被淹没，退潮才能显现的海岛，这都需要聘请专家进行考察。再次，开发海岛，水电需自行解决。如果海岛能挖淡水井，成本相对较低，如果海岛根本没有淡水，只能用海水淡化处理设备，这就增加了投资成本。另外，海岛上的电力也要自行解决，因此，海岛用水用电

科技化的投入成本很高。最后，海岛开发前期基础设施建设周期长，二次运输成本高。如沙子的运输，需要工人从陆地运输到船上，再从船上运输到海岛上，正常20元/立方米的价钱，加上人工成本的价钱就得达到100元/立方米，海岛上的二次运输成本与正常成本至少相差3倍。另外，海岛通信困难，主要依靠移动通信技术，偏远海岛通信设备建设投资巨大。

海岛的地理位置和气候特殊，对抗自然灾害的能力差，海岛开发的风险非常大。我国沿海地区海洋自然灾害较为严重，尤其是每年台风及台风风暴潮灾害频繁，造成损失巨大。由于四面环海，海岛在大型海洋灾害面前基本无能为力，几十亿元的投资，可能一次海啸就全部损失了。另外，由于海岛以保护为主，在保护的前提下合理开发，因此在开发方面受到很多限制，增加了海岛开发的风险。

二、宁波海岛开发特征

为了鼓励社会力量开发海岛，2011~2013年，宁波出台了一批支持海岛科学开发的政策。一是制定海岛海洋产业发展政策，优先发展海洋战略性新兴产业。二是积极争取中央、省财政对宁波海洋资源开发利用、海岛开发建设和海洋生态保护等方面的资金支持，市财政建立了海洋经济发展专项资金，重点支持海岛基础设施、海洋公益性设施平台建设和海洋生态环境保护等领域。三是出台了海岛科技型创新企业、海岛基础设施和环保项目建设、海岛金融业、海岛物流业发展的相关税收优惠政策。

（一）依托特定产业开发海岛

1. 渔业开发

受益于得天独厚的海洋资源及海湾的空间优势，海岛被开发成为海水养殖业基地。宁波自2004年以来，已先后在渔山列岛海域、象山港白石山附近海域进行了多次人工鱼礁试验性投放。2010年宁波提出了建设海洋牧场，已累计在象山港、韭山列岛、渔山列岛等海域放流中国对虾 1.5 亿尾，大黄鱼等鱼苗 3000 多万尾，乌贼、梭子蟹等 400 多万只，底播毛蚶等贝苗近 1000 万只，具备了海洋牧场建设的各种基本条件。"十二五"期间，宁波已开始在象山港、渔山列岛、韭山列岛以及盘池山岛、檀头山岛、南田岛三个岛屿附近海域，按照各自区位条件和自然基础，建设风格各异的海洋牧场。向"耕海"、"养海"的渔业生产方式转型升级，从而实现土地利用最小化，产出结果最大化的目标。

2. 公共事业开发

随着海岛经济的高速发展，海岛的基础设施建设有很大进展。例如，宁波市第一大海岛——南田岛上首座 110 千伏变电站已于 2013 年 3 月完工，变电工程规划供电区域为象山县南部鹤浦、高塘两大海岛，输电线路全长 14.1 公里，其中跨海线路长度 4.6 公里，彻底破解海岛供电"瓶颈"。海岛供电可靠性和安全性大幅提高，将更好地满足象山南部海岛区域日益增长的电力需求，为下一步海洋经济的发展提供强劲动力。除此以外，宁波首个海岛风电场于 2014 年 4 月 30 日在宁波十大开发海岛之一的象山檀头山岛正式并入宁波电网开始投入并网发电运行。檀头山风电场也是浙江省海洋经济发展规划中海洋能源开发项目之一。

3. 工业开发

宁波拥有建设船舶制造与维修基地的天然环境与良好条件，深水岸线众多，港口资源优良，一些修造船企业利用无居民海岛作为基点或者连接点，进行围海造地。多数岛屿在围海造地后，海岛以及围填海域成为企业厂区，一些无居民海岛以其优良的深水岸线，发展成为中转仓储海岛。例如，鹤浦镇地处宁波市第一大岛——南田岛，是宁波市第二渔业大镇，海岛资源丰富。近几年，鹤浦镇的工业经济发展较快，企业数量持续增长，其中临港型工业尤为突出，造船企业已具备打造万吨级轮船的能力，成为宁波著名的船舶修造基地。

梅山岛依托资源优势，以进口贸易为龙头，以现代物流为支撑，以休闲旅游和涉外中介服务体系为配套，按照国际理念、惯例，全方位优化服务环境，努力建设模式新颖、特色鲜明、运作高效、环境优美、国内领先、国际接轨的开发开放先行区。

4. 旅游开发

宁波市各级政府对发展旅游产业给予了相当的重视，政府支持力度大，旅游发展具有后发优势。重点规划建设了"1+1+2+n"海洋旅游目的地，即 1 带——宁波海洋旅游黄金海岸带，1 核——象山港湾海洋旅游产业核，2 翼——杭州湾大桥南部海洋旅游产业翼、象山半岛海洋旅游产业翼，n 板块——依托宁波沿海城市或岛屿，形成多个各具特色的海洋旅游板块。以滨海旅游重点地区象山县为例，由象山县旅游集团有限公司组建成立的该县渔山岛、檀头山岛、花岙岛三个海岛旅游开发公司已全部成立并运作，明确在强蛟群岛、阳光海湾群岛、花岙岛、檀头山岛、三门湾满山岛、盘池山岛等，开发多个各具特色的海岛休闲度假基地，将这些岛屿打造成以碧海金沙为特色，以休闲、养生、度假、娱乐为主题，以海岛观光、科普探险、滨海运动、度假娱乐为主要功能的国内知名"旅游岛"。

（二）海岛基本条件存在较大差异

1. 大型岛屿已开发利用

对于面积比较大，离大陆较近，有一定资源，交通较便捷，已经乡（镇）级以上建制的海岛，一般经济基础相对较好，大都已经开发利用，如南田岛、大榭岛、渔山岛等。这些岛屿所在的各级党委、政府重视海岛经济发展，开展了一系列建岛工程，解决了陆岛交通、岛上公路建设、引水工程和海底电缆等，岛上"交通、水、电、就医、上学"等状况得到了较大的改善。开发性项目比较齐全，涉及城镇建设、码头和公路建设、旅游度假和农牧渔生产等。

例如，梅山岛是北仑唯一的海岛乡，面积 29 平方公里，距北仑开发区的中心城区 25 公里。梅山岛古代由一个大岛和 10 余个小岛组成，后因自然淤积和人工围堤筑塘逐渐形成梅东、梅西两个岛。2008

年 2 月 24 日经国务院批准设立宁波梅山保税港区。宁波梅山保税港区坚持实施"立足宁波、依托浙江、服务长三角、辐射中西部、对接海内外"的开放战略，重点发展以国际贸易为龙头、以港航运营为基础、以现代物流业为支撑、以离岸服务和休闲旅游为配套的现代服务业，致力于建设亚太地区重要国际门户城市的核心功能区、浙江深化对外开放和实施"港航强省"战略的先导先行区、长三角建设资源配置中心和上海国际航运中心的重要功能区、国家建设自由贸易区的先行试验区。成为宁波海岛开发的典范。

2. 人口较少的小岛设施落后

海岛面积比较小，但有人居住，仍有一定资源。这类海岛自然环境和社会经济条件比第一类海岛差，如交通不便、通信落后、能源紧张、文化教育和卫生条件较差，居民文化和生活水平低，有的海岛只有几个或几十个人居住，主要从事水产养殖业和捕捞业。

3. 无居民岛自然条件较差

宁波共有 504 个无居民海岛，其中象山县最多，共有 408 个，其次是宁海市 38 个，北仑区 29 个，奉化市 22 个。最大面积的是象山檀头山岛，面积为 11.03 平方公里。这些无人居住的海岛面积小、远离大陆、环境复杂、交通不便、资源单一、自然条件差，长年累月起着阻挡狂风巨浪、保护海岸的作用。它们给海洋生物和鸟类造就了一个个栖息繁殖的场所，也为航海者指引方向，锚泊避风。

三、宁波海岛开发趋势

宁波的海岛开发绝大部分处于起步阶段，被开发利用的无居民海岛也不过 100 个。但发展势头较猛，前景十分广阔。

（一）海岛开发规划先行

在全面贯彻实施《浙江海洋经济发展示范区规划》的基础上，宁波制定了《浙江海洋经济发展示范区规划宁波市实施方案》，定位清晰、导向明确、功能协同的海岛开发新格局基本形成。重点推进梅山岛、大榭岛、南田岛、高塘岛、花岙岛、檀头山岛、对面山岛、东门岛、悬山岛、田湾山岛十个海岛的规划建设。

宁波海岛开发综合规划立足海岛环境与资源的现状，根据宁波经济社会发展规划和海洋开发规划，把海岛作为海洋开发的前沿基地，综合布局，协调岛与陆、岛与岛和岛与海在开发中的各种关系，协调当前开发与长远开发中项目安排布局的关系，协调开发与保护的关系等，从宏观上协调、指导海岛开发活动。建立以规划为基础的海岛管控体系，规范用海用岛行为，建立健全海岛利用申请和审批程序，建立完善海岛价值评估体系，推进海岛收储和公开招、拍、挂等出让机制，逐步实现从行政审批模式向市场配置的供海供岛方式转变。规范无居民海岛的"单岛保护与利用规划"、"海岛保护与利用具体方案"和"项目论证报告"的编制与审批，建立和完善无居民海岛使用权出让后的管理制度。

例如，《宁波海洋经济发展规划》提出要在象山海洋（海岛）综合开发试验区探索海洋海岛综合开发新模式，着力打造成为全省乃至全国重要的综合利用岛、港口物流岛、临港工业岛、海洋旅游岛、清洁能源岛等，成为我国海洋开发开放的先导地区。对此，象山县发改局与宁波市发展规划研究院通过定量与定性相结合的方法，已逐个明确南田岛、高塘岛、花岙岛、檀头山岛、对面山岛、南韭山岛、东门岛、北渔山岛、屏风山岛、海山屿岛十个省级重要海岛（岛屿面积约158平方公里）的功能定位、空间布局、产业培育内容、主要项目安排、开发保护时序、生态保护举措等，初步建立起海岛开发开放新格局和高效、综合、规范的现代海岛管理体系。

（二）无人岛开发与保护并重

1. 开发模式多样化

近年来，随着宁波市海洋经济的快速发展，一些民间资本进入无居民海岛旅游开发，挖掘无居民海岛在海洋经济中的独特价值。2010年，旦门山岛发放了全国首本无居民海岛使用权证书。2011年，大洋屿岛进行了公开拍卖，被宁波一家公司以 2000 万元价格竞得，获得 50 年使用权。这是我国启动首批无居民海岛开发使用以来，首个被拍卖的海岛。但是，目前绝大多数无居民海岛还是荒岛，宁波从自然资源、生态环境、国防需求、海洋权益、社会经济、科研价值等多方面对无居民海岛进行综合评估，量化其开发的经济价值和产生的生态功能价值，通过权衡二者关系，将未来宁波无居民海岛的开发模式分为三种：

（1）重点开发模式，此种模式适用的海岛，呈现资源储量丰富、经济发展空间大等特点，同时海岛生态系统对开发不敏感。比较适合发展临港工业如港口、船舶修造、仓储物流等。

（2）适度开发模式，对应的海岛具有经济价值较高，但生态功能价值一般的特点，如某无居民海岛土地资源丰富，土壤肥沃，开展农牧业经济价值较高，但有一定普通植被覆盖，生态系统功能价值一般，可适度开发获取一定的经济效益。

（3）保护开发模式，对于旅游资源丰富、生态系统功能价值较高的无居民海岛要严格保护开发，如建立航标、海底管线登陆点、通电铁塔、跨海大桥桥墩等，防止生态系统出现严重破坏。

2. 划定无居民海岛保护区

宁波按照国家海岛管理法律法规要求，编制海岛保护与利用规划，进一步明确海岛使用的目标及定位，加强无居民海岛生态环境保护，完善海岛基础设施建设，对重要海岛实行分类保护与开发。把无居民海岛保护区分为海洋保护区、植被保护区、一般保护区。①海洋保护区。主要包括韭山列岛海洋生态自然保护区、渔山列岛海洋特别保护区。②植被保护区。主要包括奉化南沙岛植被与候鸟保护区、奉化缸山植被保护区、象山屏风山周围诸岛植被保护区。③一般保护区。主要包括穿山半岛两侧诸岛一般保护区、象山港诸岛一般保护区、象山东部诸岛一般保护区、象山南田岛周围诸岛一般保护区、岳井洋一般保护区和宁海三门湾一般保护区。

(三) 功能性岛屿开发各具特色

宁波海岛开发坚持高标准规划、分阶段开发、市场化运作的思路，推进海岛资源科学开发，将形成一批综合利用岛、港口物流岛、临港工业岛、海洋旅游岛、海洋科技岛、现代渔业岛、清洁能源岛、海洋生态岛等主体功能岛。①打造综合利用岛。主要包括象山的南田岛和高塘岛等。②打造港口物流岛。主要包括北仑梅山、奉化大小列山、象山外门山内门山、象山西屿山东屿山、宁海田湾山港口区。③打造临港工业岛。主要包括大榭岛、象山港口岸的大列山和小列山、石浦港内的中界山和打鼓峙陆域。④打造海洋旅游岛。主要包括奉化悬山、宁海中央山周围诸岛、鄞州盘池山、象山乱礁洋、道人山、旦门山、檀头山、宁海满山。⑤打造现代渔业岛。主要包括象山对面山岛、东门岛、铜钱礁等岛屿。⑥打造现代能源岛。主要包括象山檀头山岛和南韭山岛等。

第二节　宁波海岛开发金融服务现状和制约

宁波海岛开发正面临着前所未有的发展机遇。围绕海岛开发的金融服务必须有持续创新动力，能给予海岛开发有效支持，使其不断发展与优化，能满足多元化开发需求。支持海岛开发的金融应该是一种开放的金融体系，包含了多元化的融资渠道，多样化的风险控制工具和金融产品，能够为开发企业提供投融资、结算、风控、保险、信息等全方位的金融服务。

一、宁波海岛开发金融服务现状

面对海岛开发带来的增长契机，宁波各级金融机构加大对海岛开发的投入和支持，积极开展金融产品创新、金融服务创新和金融流程创新，利用金融机构综合优势，增强金融对海岛开发的支持能力，提升金融对海岛开发的服务水平。

（一）各级财政积极投入

中央和省、市财政部门在"十二五"期间加大了对海岛地区财政转移支付力度。贯彻"以岛养岛"政策，一方面，大力支持海岛地区的基础设施建设和海岛生态环境保护；另一方面，在财政体制上实行单列，如象山与宁波市财政在实行分成收入超收奖励办法的基础上，将分成收入比上年增长部分的统筹全额返还，加大转移支付力度，增强岛县综合财力实力。

继 2010 年宁波市韭山列岛、渔山列岛综合整治与保护工程项目获批中央分成海域使用金支持地方专项资金 1500 万元之后，韭山列岛国家级自然保护区规范化建设和管理项目、檀头山岛整治修复和保护项目两大海洋海岛开发保护项目，也获中央财政支持，累计资金支持达 3775 万元。

韭山列岛国家级自然保护区规范化建设和管理项目总投资 2400 万元，其中获得环境保护部国家级自然保护区专项资金 795 万元，主要实施保护设施建设、科研监测设施建设、宣传教育设施和综合科学考察四大工程，有效提高保护区的科研监测能力和宣传教育能力，充实保护区的数据库，进一步提升保护区的综合管护能力。

檀头山岛整治修复和保护项目总投资 8775 万元，其中获得国家海洋局中央分成海域使用金支持 2980 万元，主要实施姐妹沙滩整治修复与保护工程、海中沙埕至"大王宫"交通主干道建设工程、海中沙埕的整治与修复工程、龙门头水库扩容和饮用水净化处理工程、"大王宫"码头扩建工程、海岛垃圾处理与污水处理工程六大工程，有效改善檀头山岛的生态环境，有效修复海岛损坏的自然景观，改善海岛的基础设施，大力提高海岛旅游品位，加快发展海岛旅游。

（二）金融机构参与支持

2011 年国务院正式批复《浙江海洋经济发展示范区规划》后，

宁波迅速出台《支持和促进海洋经济发展有关税收政策措施的意见》、《关于金融支持宁波市海洋经济发展核心示范区建设的指导意见》，从资金保障、结构导向、机制创新等方面加强引导，突出对海洋经济各领域的财政、金融支持。象山县作为海洋（海岛）综合开发试验区，出台《关于金融支持象山海洋经济发展的指导意见》，引导金融机构充分发挥区位优势，提高金融支持成效。人民银行宁波市中心支行还运用金融机构综合评价、信贷政策导向效果评估等手段，加强对再贷款、再贴现工具的运用，发挥政策工具的正向激励作用。

由于海岛开发多数具有技术和资本高度密集、融资需求量大、成本回收周期长、风险因素不确定等特征，传统的信贷融资往往难以满足其资金需求。为此，各金融机构积极开拓短期融资券等直接融资渠道，同时以信托、理财、融资租赁等金融产品组合，为海岛开发提供多样化、针对性的融资解决方案。

（三）民间资本逐步进入

宁海县充分利用海岸线较长、海岛众多等特点，逐步对整个海岛、较大面积海域使用权进行评估后进入公共资源交易平台公开交易，大力发展海岛休闲旅游和水产养殖产业。该县 2013 年以总价123 万元，成功出让了横山旅游码头、白石山旅游码头、铁沙旅游码头、铜山旅游码头 4 宗旅游码头海域使用权，迈出该县海域资源市场化配置的第一步。出让的 4 片海域都在宁海县象山港底部的强蛟群岛海域内，与宁波市区和宁海县城的距离分别为 50 公里和 12 公里。它们分别位于横山西南沿岸、铜山西南沿岸、白石山西南沿岸和铁沙西南沿岸，总用海面积为 3.25 公顷。

宁海县宁海湾旅游投资开发有限公司通过竞拍，以 123 万元人民币的价格竞得所有 4 宗海域使用权，用海年限为 25 年，这些码头海域将用于旅游娱乐开发。宁海湾旅游投资开发有限公司将进一步投资1000 余万元，整体规划开发旅游码头。届时，白山岛、横山岛、中央山岛等岛屿串联在一起，有"海上千岛湖"之称的强蛟群岛的旅游基础设施将得到进一步完善。

二、宁波海岛开发金融服务制约

海岛开发作为海洋经济发展的新领域，面临许多未知风险和经验不足的困难，现有金融体系对海岛开发的支持尚处于起步摸索阶段，"金融抑制"现象不可避免地存在。

（一）融资渠道比较单一

目前一些无居民海岛开发中往往将项目作为整体出让，交由一个企业或企业集团进行开发，但实际开发效应并不理想。很多企业经历了一个从最初的信心十足到最后陷入进退两难尴尬处境的过程，究其原因，主要是无居民海岛开发项目的特殊环境要求和基础设施部分所需的大量资金投入，这往往不是单独一个企业自身的力量可以解决的。

就资金来源上看，海岛开发项目的融资渠道比较单一，大部分主要依赖银行贷款这种间接融资方式，各大银行为了规避风险一般都要求贷款主体提供抵押，且手续烦琐、成本较高。这种以银行融资为主体的融资方式对于海岛开发项目来说，有着天然的不适应性和局限性：一方面，商业银行作为风险自负的法人，其内部有严格的业务风险控制制度。出于自利性和风险规避等要求，银行在选择投资对象的问题上，更倾向于选择行业风险性较小、资金回收较快的投资对象，以降低资产的风险性。另一方面，商业银行是独立的金融业经营主体，在信息平台建设和智力资源方面都有局限性，不可能对投资对象的专业领域问题和财务信息有较为全面的认识掌握，这也限制了商业银行对于投资对象的选择和投资风险的把握。很明显，银行融资这两点特征，对于融资需求量大、风险暴露程度较高、专业性较强的海岛开发项目融资是很不利的。

目前海岛开发特别是无居民海岛开发中的融资困境与多种因素有关，在实践中需要改善法规环境、做好项目规划设计、降低项目开展中的融资风险。针对融资环节本身，目前的一大问题是没有根据不同类别的无居民海岛开发项目以及项目的不同阶段，设计应用不同的融资模式。无居民海岛开发项目是可以分为多阶段的，由于各个阶段的投资特点不同，对投融资需求的方式和数量也不同，由此导致对融资渠道的多元化要求。

（二）金融服务保障体系不健全

海岛项目在开发与运营过程中均表现出一定的阶段性特征。比如基础设施建设和项目设施建设，在开发和运营中的周期性和季节性，表现为各阶段的风险程度、收益状况和资金需求各异，各阶段的融资需求、融资风险和资金回收在周期内分布不均衡，形成了融资上的阶段性。融资需求的波动性造成融资需求量在时间轴上分布的不均衡性和不可预测性，不但给海岛开发中各个企业增加了财务管理上的难度，拉长了融资的平均周期，也增加了海岛开发融资的总体风险，更使得金融市场上的资金供给者难以对海岛开发投资风险进行准确评估和管理，最终导致其不愿提供金融服务。

就融资的外部环境来看，金融市场发育程度、政策法规建设等外部环境滞后，在一定程度上对开发项目的融资保障有消极影响。就海岛开发融资问题而言，我国海洋法律法规的建设存在三大问题：一是海洋产业政策、法律、法规建设滞后，海洋产业融资缺乏必要的法律引导；二是立法体制分散、法律建设零散，无居民海岛开发相关的法规散见于各种文件中，在开发管理上存在多头管理，手续繁多的弊端，很难从海岛开发产业发展的全局高度为其设置系统的法律保障体系；三是海岛开发相关的中介和服务机构几乎空白，如海岛相关担保公司、评估机构等，尚未形成项目成熟的流通、推荐机制，投融资机制建设滞后，这都会加大融资难度，对项目的进展产生不利影响。

（三）银行资本涉足意愿不强

海岛投入产出效率不高制约了银行资本涉足。以无居民海岛为例，它是一个独立而封闭的生态环境小单元，其生态系统相对独立。这种生态系统极脆弱，易遭破坏，且破坏后很难恢复。有些无居民海岛还构成一个国家的领海基点，一旦地表受损将直接损害一国在国际法上的海洋权益，因此不能完全用一般的投入产出分析来衡量部分项目的可行性和资金要求。目前很多无居民海岛开发从本质上属于保护性开发，在开发过程中对环境因素的考虑多过于经济因素，其市场化程度不高，开发过程中的各种保护设施的修建和措施的采用无法从成本收益角度衡量，对开发的投入往往数倍于一般的项目。

金融企业为了保证资金的安全性，偏好把资金贷给投资风险小的项目。海岛开发过程中面临的主要风险有自然灾害风险、市场风险、技术风险、财务风险等，这些风险构成复杂并相互影响，风险程度较高，使得金融机构不愿涉足这一领域。与一般的基础设施项目相比，海岛开发项目的预期收益较难准确预计。项目建设期较长，建设过程存在很多不可控因素，无法保证建设目标的达成；投入运营后旅游项目本身季节性强，受到天气、自然条件、经济等不可控因素的影响较大，其回报及未来现金流波动较大。海岛开发项目中涉及的利益相关者众多，协调和平衡不同利益相关者之间的风险收益是项艰难的任务，如果处理不好，对项目进展会造成较大影响，进而影响到项目的回报和未来的现金流。

第三节　金融支持海岛开发的国际经验

国外海岛旅游开发已经有了较为成熟的模式，泰国的普吉岛、印度尼西亚的巴厘岛、韩国的济州岛、日本的冲绳列岛、西班牙的巴利阿里及加那利群岛、中北美的加勒比群岛、美国的夏威夷群岛及地中海的塞浦路斯、马耳他等岛国，都已经成为世界各地游客所向往的旅游目的地。因此，有必要分析和借鉴国外较为成功的经验。

一、政府主导开发模式

(一) 规划先行

世界范围内一些国家对海岛的开发利用采用了政府主导的模式。从各国海岛开发经验来看，岛屿的开发最初基本都是由政府主导的，在开发之前都有一个周密详尽且科学合理的规划，并且由政府提供大量资金率先搞好如交通、港口等基础设施的建设。而投资者在开发时则必须按照政府的规划来进行。如印度洋上的马尔代夫之所以能得到成功的开发，主要也是因为其完善的规划，而且该规划是由欧美国家的建筑规划设计师完成的，并经各相关部门严格论证后报政府审批。其岛上建筑物主要以二层为最高限制，并且以别墅和木结构为主，规划的设计充分考虑到单一岛屿与其他岛屿的整体协调性。

美国在海岛开发过程中，在政府主导下对海岛提供了制度上的保障和具体规划。韩国则制定了《国家岛屿发展规划》、《岛屿开发促进条例》、《关于独岛等岛屿地域生态系保护的特别法》等，用来保障海岛开发与保护并行；日本出台了《日本孤岛振兴法》和《日本孤岛振兴实行令》及相关法律、法规，明确规定海岛开发和孤岛振兴的计划、具体经费投入和明确实施方案，为海岛经济持续发展提供动力和保障。

(二) 财政直接投资为主

政府在海岛开发过程中作为直接出资人，或者主要参与主体对海岛开发和经济发展起主导性作用。在海岛开发的具体规划制定、实施、管理调控过程中全程参与，对海岛基础设施建设、较大规模项目工程的实施起着重要作用。对于一些自然资源贫乏，短期看不到收益，以营利性为目的的企业、个人不愿投资的海岛，只能由政府出资，行政部门主导进行开发。海岛基础设施建设和一些规模较大的开发项目，如不同区域间的交通设施建设、能源开发项目、滩涂围垦项目等，都是海岛开发的前提条件和保证，需要投入大量资金，回收期长，资金收益率难以确定，风险较大，并且各主体之间权利、责任及利益分配关系复杂，难以通过市场化方式完成，需要政府出资主导进行协调治理。政府主导模式在一些海岛资源相对丰富，亟待开发而经济发展又相对落后的岛屿比较适用。

但海岛开发政府主导模式，并不仅仅是指政府直接进行投资和管理。海岛开发少则几千万元多则几亿元的资金需求，单靠政府筹集资金是不现实的，一是财政出资规模毕竟有限；二是财政资金的支出要通过层层审批，手续烦琐。因此政府主管部门应采取多种形式，更多地着眼于以财政资金为引导，撬动多方位的社会资金参与投资。

二、市场化开发模式

（一）企业开发政府监管

企业资本主导型是指海岛所在地的政府及相关管理部门，将海岛资源和项目的开发权及利用权通过招标方式有偿转让给企业法人主体。例如，马尔代夫政府对海岛开发实行国际招标，以争取那些有雄厚经济实力的集团来开发建设。这种做法将海岛开发的自主经营权转给企业，对岛外有实力的企业进入岛内投资很有吸引力，这种开发模式在海岛开发尤其是旅游资源开发中的应用越来越广泛。

在这种模式下，当地政府和行政部门的作用仅仅是在宏观层面上对开发企业进行指导和监控。企业主导型模式打破了政府主导开发模式的垄断地位，不仅为地方政府节约了海岛开发建设资金，同时也增加了地方税收收入，而参与海岛开发的企业则获得了稳定的事业和长期收益。

企业在海岛开发过程中扮演越来越重要的角色。在海岛开发初期，当地政府往往采取招拍挂的形式，将海岛资源的开发权与经营权进行市场化拍卖，选择一些实力强、资质好、美誉度高的企业参与海岛开发；在海岛产业化发展阶段，海岛农业、工业和服务业的发展也都有企业资本的参与。参与海岛开发过程的企业大都拥有雄厚的资金、优良的技术设备、先进的管理经验和较大的生产规模，这些企业的介入，对推动海岛开发产业化、现代化和国际化具有重要价值。

（二）BOT 模式

BOT 是"建设—经营—转让"的英文缩写，指的是政府或政府授权项目业主，将拟建设的某个基础设施项目，通过合同约定并授权另一投资企业来融资、投资、建设、经营和维护。该投资企业在协议规定的时期内通过经营来获取收益，并承担风险。政府或授权项目业主在此期间保留对该项目的监督调控权。协议期满根据协议由授权的投资企业将该项目转交给政府或政府授权项目业主的一种模式。印度洋上的岛屿国家马尔代夫立足于自身的实际特点，采用 BOT 模式开发其海岛资源，取得极大成功，并被业界奉为"马尔代夫模式"。

马尔代夫在脱离西方殖民统治后，在海岛经济发展方面，并没有单纯追求走工业化道路的模式，而是大力推行发展海岛旅游业。根据马尔代夫《外国投资指南—A》相关规定，基于马尔代夫自然资源和技术知识有限的考量，为了完善该国的经济和社会基础设施，马尔代夫政府鼓励外资利用当地劳动力开发本国无居民海岛。而根据马尔代夫 1979 年 5 月 1 日起实施的《外国投资法》（第 25/79 号法）规定，外国公民一旦完成该国工业贸易部的注册，其投资的性质由马尔代夫工业贸易部决定，投资者和工业贸易部应就投资问题鉴定协议，而且在马尔代夫的投资只能由在马尔代夫承认的银行或管理机构得到担保的个人或团体进行。如果投资者从事有损于该国安全的活动，马尔代夫政府可以在协议规定的有效期满之前终结其投资。

同时，马尔代夫在旅游总体规划中积极推进私营部门的投资，强化人力资源和文化领域开发，重视环境保护。根据马尔代夫的法律，利用国外资金开发利用马尔代夫无居民海岛，必须通过正式的、透明的途径流入马尔代夫，而且能够大力推进无居民海岛的基础设施投资。因此，马尔代夫鼓励采用 BOT 模式开发无居民海岛的机场等服务工程。为了更好地利用 BOT 模式，马尔代夫将旅游部与民航部门合并，创建了一个新的马尔代夫旅游委员会（MTB）来负责无居民海岛的开发与管理。

三、优惠政策支持民间开发

成功开发海岛离不开优惠的政策支持。比较典型的是第二次世界大战后初期的香港地区，当时实行以古典经济学派"放任自由"或"积极不干预主义"政策，即主张政府最少干预，最大限度地由市场自行调节的理念。主要包括自由贸易、优惠税率、经营自由以及外汇自由等。

韩国政府则为济州岛开发提供了 1000 多项优惠政策，并且国内外企业实行不同的税收政策，对国内企业三年内免征法人税和企业所得税，以后两年则只要交 50% 的税；对于外资企业，实行五年内免法人税和企业所得税，以后两年免征 50%，15 年全免地方税，减免进口物资关税，减免 50% 的开发负担金、农地转用负担金、林地转用负担金、造林补偿费、草地补偿费、农地补偿费等租税。

印度尼西亚是世界上最大的群岛国，有约 1.7 万个岛屿。目前，印度尼西亚政府鼓励外国投资商租用其无居民海岛，以发展岛屿经济。印度尼西亚政府表示，将给无居民海岛租用者减税并提供其他一些优惠政策。租用者可在 30 年内拥有岛屿的使用权，30 年后还可申请延期。印度尼西亚还成立了伊斯兰金融合作俱乐部，专门吸引来自海湾国家对无人岛的投资。

第四节　金融支持宁波海岛开发的创新思路和对策建议

资金不足和资金供应的无序使宁波众多海岛开发项目难以为继，

如何解决与海岛开发相适应的融资问题，以及资金的可持续性保障是海岛开发中面临的最大挑战，资金短缺也因此成为项目稳步推进的制约"瓶颈"。因此我们迫切需要在研究海岛开发项目特点、融资需求特点与融资环境限制之间矛盾的基础上，探究相适应的金融服务机制，从而建立起能支撑海岛开发的金融长效机制。

一、金融支持宁波海岛开发的创新思路

根据海岛开发的特点和进程，进行分阶段设计，在不同阶段应用不同的融资方式，争取建立一套可操作性强的集成应用融资模式，使之成为兼具投融资、产业保险、综合金融信息服务和政策导向四大功能的金融综合机制，在解决海岛开发产业融资需求的同时，起到降低开发运营风险，促进海岛开发项目布局优化，推动宁波经济增长和海陆产业发展一体化的作用。

（一）促进海岛开发投资主体多元化

按照"谁开发、谁经营，谁保护、谁受益"的原则，加大招商选资力度，培育多元投资主体，引入外资、国资、民资共同参与重要海岛的开发建设。一是优选外资，根据宁波重要海岛的发展需要，加快策划与包装一批重大海岛项目，鼓励外资以独资、合资、合作等多种方式参与投资建设；二是争取国资，积极与央企开展多领域、多层次、多形式的合作；发挥好交投、城投、能源等市属企业的带头示范作用，加大对海岛开发的投资力度；三是激活民资，贯彻实施国务院"新36条"，清理不利于民营经济参与海岛开发的各种体制性障碍，积极运用BOT、TOT、PPP等投融资模式，鼓励民间投资以独资、合资、合作、联营、项目融资等方式参与。大力支持海岛地区符合条件的基础设施类企业和投融资平台公司通过主板、中小板、创业板和境外上市融资，努力扩大中长期基础设施类企业债券发行规模。对规模较小但具有稳定现金流的基础设施和产业开发类项目，通过资金信托计划或资产证券化等方式吸引民间资本参与。

（二）创新海岛建设投融资机制

1. 金融主体创新

大力支持海岛开发股权投资基金、海岛开发信托投资基金、海岛开发集合债的发展，积极争取试行海岛开发市政债融资方式，鼓励国有商业银行实施总行直贷、系统银团或直接单列信贷规模等方式支持海岛开发建设。

2. 引导机制创新

通过以制度换资金，以项目换资金，以开发换资金的产业扶持政策，一是实行"以岛养岛"政策，加大省财政转移支付力度，积极争取中央加大转移支付力度；二是调整海岛地区的土地开发与围填海政策，争取国家核减或允许探索动态调整基本农耕地任务，增加建设用海围填海计划指标；三是争取建立海岛型保税港区及保税物流园区、保税出口加工区。

3. 融资产品创新

研究利用海域使用权、海岛租赁权、海岛相关在建项目所有权、开发经营权、未来收费权、商铺产权发售等权力质押向银行借款；研究采用商业信用融资工具的可行性与方案；积极通过私募资本金融资，向社会定向招募民间资本投资入股，共同作为海岛开发基金的发起人。

二、金融支持宁波海岛开发的对策建议

海岛开发在我国刚刚兴起，有着巨大的潜力，而金融支持是决定了项目能否启动和顺利开展的关键。根据海岛开发项目的资金需求大、建设周期长、未来收益不稳定的特点，分阶段采取不同的运作和融资模式。形成以财政资金、海岛出让金、政府债券、捐赠等为来源的产业基金，投资基础设施建设项目；形成以企业资金、银行信贷、民间资金为主体来源的社会资金，满足应用设施建设的资金要求。构建这种分阶段多元化融资机制，可以丰富和拓展资金来源，为海岛开发提供雄厚而持续的资金保障。

（一）区分公益性项目和经营性项目

海岛开发是介于公益性和经营性之间的工程项目。开发中主要涉及海岛码头综合服务区和环岛公路等基础设施建设、航线开通、公共卫生设施、水电基础设施配套建设、其他应用设施建设等，这些项目所需的资金额均较大。根据不同用途的海岛项目，一般可以把开发项目分为基础设施建设和应用设施建设两部分。其中基础设施建设属于先行项目，周期长，所需资金量大，由于没有或很少有投资收益，对民间私人资本没有吸引力，因此属于公益性项目。而宾馆、旅游设施、应用设施等项目开发属于经营性项目，具备经营收益，因此能够吸引金融资本和民间资本的参与。

基于此，为提高海岛开发的效益和成功率，应该在海岛开发之前，将所有项目分成基础设施建设和应用项目开发两个部分，建立起海岛开发的分阶段集成融资模式，形成基本的融资体系（见图5-1）。在基础设施建设阶段，主要依靠政府财政投入解决资金需求。这样一方面符合基础设施建设的需要；另一方面也可以考虑环保要求，减少公共项目建设的外部性，避免公司等私人资金在建设中的盲目性和趋利性。在应用项目开发进程中，则要运用多种形式的项目融资模式，包括企业自筹、银行信贷、风险投资等，尤其要吸引广泛的民间资本参与。

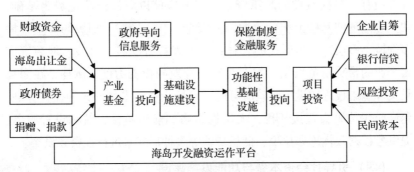

图5-1　海岛开发综合融资体系

（二）成立海岛开发产业基金

德国、日本、中国台湾等海洋产业发达的国家和地区，通过设立产业基金、行业协会执行金融服务功能等方式较好地解决了海洋产业融资问题。参考他们的经验，应该在对海岛开发进行整体规划的基础上，对于不同类型的无居民海岛，通过成立海岛开发产业基金的模式来解决资金问题。为实现资金运营的规模化效应，并最大限度地分散风险，同时充分挖掘各种融资渠道的积极性，海岛开发产业投资基金必须实现资金来源的分散化、多元化。

海岛开发产业基金的具体运作在组织形式、治理结构、资金退出等方面与一般产业基金类似，除了设立一般产业基金惯用的风险控制手段外，还必须根据自身的需要建立特有的风险控制机制。比如，在运作中，海岛开发的专项资金投放要采用科学、公开的项目评审程序，集中投向优选项目，并委托商业银行介入项目资金运作管理，形成专人跟踪、阶段考核、领导问责等机制，保证产业基金的顺利高效运作。

（三）政府财税支持基础设施建设

海岛中的基础设施建设应该视同陆地的基础设施建设项目，由公共财政负担，在财政支出预算中体现。从国家层面上看，国家海洋局等部门有一些扶持性的政策资金，宁波应该以海岛资源优势为基础，在充分论证的基础上积极争取国家资金支持。同时，积极与央企开展多领域、多层次、多形式的合作；更要发挥好交投、城投、能源等市属企业的带头示范作用，加大对海岛开发的投资力度。例如，在海岛码头等基础设施建设中，政府可通过直接投资、多种形式的投资补贴、允许或代替码头直接征税、无偿提供诸如航道疏浚、航标设置服务、提供各种财政优惠如免税、低息贷款等多种形式来进行投资建设。

（四）引导社会资本参与功能设施建设

在功能设施建设项目上，应该根据海岛的类别，主要通过市场化手段来解决其资金需求问题，通过多种渠道吸引企业资金、银行信贷资金、风险投资、民间资金，以项目融资的形式进行整合；也要鼓励海岛居民、当地小企业自主开发旅游配套项目。首先，要打破区域间的行政障碍，降低民间资本的准入门槛。凡是国家法律、法规没有明确禁止民间资本进入的行业和部门，都要对民间资本开放；要改进民间投资的服务环境、审批环境，充分发挥民间资本在海洋经济开发中的积极作用。要创新金融工具，吸引风险投资资金的参与，探索适宜海岛开发的融资机制创新。其次，要努力吸引外资，在一些物流用途的无居民海岛开发中，可以通过开放产权市场，以合资、合作、入股、参股、转让股权等多种形式合理引入外资，这也有助于发挥海岛在国际港口建设中的积极作用。最后，政府部门根据市场需求，有意识地引导设立一些配套服务机构，如评估机构、项目推荐平台等，为社会资本参与海岛开发提供配套支持。

（五）形成海岛开发风险分散机制

海岛开发金融支持体系还要加强金融服务创新和保险政策扶植。对于部分类型海岛开发风险大的特征，应建立起适合海岛开发产业高风险性的海洋保险体系，其中既包括海洋灾害损失保险，也包括为海洋产业开发投资提供风险转化、风险分散的保险措施，比如可以通过设立海岛旅游担保公司，对海岛旅游开发商提供融资担保，建立担保机构的风险分散机制，可以采取按比例担保或反担保等补偿形式。同时政府主管部门要积极推动建立担保基金和再担保基金制度，增强担保机构的抗风险能力。

第六章　金融支持宁波航运业发展研究

航运业是资金密集型产业，投资金额大、回收周期长、风险系数高，航运企业很难依靠自身力量进行投资活动，需要借助金融体系为其提供庞大的资金支持，并合理地规避海上运输的巨大风险。一个成熟的国际航运中心必然有发达的金融服务支撑。当前宁波作为上海"两个中心"建设的重要组成部分，发展航运金融服务具有必要性和紧迫性。本章介绍宁波航运业的发展特征和趋势，分析航运金融服务的现状和面临的主要制约，并在借鉴国际经验的基础上，提出宁波航运金融的未来发展方向和对策建议。

第一节　宁波航运业发展特征和趋势

宁波港口是集内河港、河口港和海港于一体的综合性大港，由甬江、镇海、北仑、大樹、穿山、梅山、象山港及石浦八大港区组成。规划岸线总长约 170 公里，已开发利用 106 公里；深水岸线 139 公里，已开发利用 82 公里。

2013 年，宁波港域共完成货物吞吐量 4.96 亿吨，创历史新高，位居中国大陆港口第二、世界第四。宁波港域主要货种为集装箱、铁矿石、原油、煤炭，分别占比 34.38%、17.77%、12.35%、15.98%。共有班轮航线 235 条，月均航班达 1349 班，其中远洋干线 117 条、近洋支线 66 条、内支线 20 条、内贸线 32 条。

宁波市共有港口经营企业 244 家，其中危货企业 64 家。水上运输企业 156 家，其中开展国际货运业务的沿海运输企业 8 家，从事沿海货物运输企业 130 家，从事内河货物运输企业 7 家，从事沿海旅客运输企业 6 家，从事内河旅客运输企业 5 家。此外还有国际船舶管理公司 7 家，无船承运人企业 315 家，外资船公司驻宁波办事处 35 个，国际集装箱仓储、堆场企业 53 家，经营国内船舶管理业务企业 12 家，国内船舶代理企业 113 家，国内水路客、货运代理企业 124 家。

一、宁波航运业发展特征

（一）港口集疏运体系较发达

港口集装箱吞吐量稳步增长，集装箱吞吐量增速快于上海港和深圳港。2012 年，宁波港域集装箱吞吐量国内排名在上海和深圳港之后，位列第三，但 2010~2012 年的增速要高于上海和深圳港。2010~2012 年，宁波港域集装箱吞吐量年均增长 9.77%，同期上海港年均增长为 5.79%，深圳港年均增长 0.95%，分别快于上海港 3.98 个百分点、深圳港 8.82 个百分点。

港口物流中心集聚影响力凸显。港口物流中心辐射范围不断扩大。依托良好的港口区位和公、铁、水、空、管道完善的集疏运网络，以港口为龙头的宁波全国性物流节点城市地位日益提升。梅山港区成为国际航运巨头马士基公司欧亚航线"天天马士基"的亚洲主要集装箱挂靠港，港口腹地的联盟港、无水港和沿海、沿江的内支线以及铁水联运五定班列的网络化布局基本成型。宁波至华东地区的铁水联运通道被列为全国首批示范项目，宁波港集装箱铁水联运物联网应用示范工程被列为国家物联网重大应用示范工程，船舶运力规模继续位居全省前列。

口岸通关服务区域竞争力稳步提高。基于国际航运服务中心的船艇交易、船员中介、订舱平台和口岸通关、报检、危货申报等口岸资源集聚，成立了继上海、青岛、重庆等之后的国内第八家航交所，启动运营了发改委"航运交易国家电子商务试点项目"——宁波航运订舱平台。类通关和无纸化通关试点加快，进出口检验检疫模式和流程不断优化，域间口岸合作得到加强，口岸吸引力和辐射力明显提升。2012年，异地企业从宁波口岸进出口1211亿美元，占同期口岸进出口额的61.3%，比2011年提高了1.8个百分点。

（二）航运企业实力有待提高

宁波现有航运企业156家，以民营为主，大部分集中在北仑、镇海两区，主要航线为沿海内河，货物以煤炭、铁矿石等散货为主。在经济景气期间，宁波航运企业找准市场定位，快速拓展运力总量，调整运力结构，形成了有地方特色的海运经济模式。由于连续几年的全球大宗商品价格暴涨，带来了航运业的繁荣，民营资本利用对市场的快速反应，取得了巨大的经济利益。

但2008年全球金融危机造成的世界航运市场不景气乃至萧条，也重创了宁波本土航运业。运力供应明显大于运力需求，运价大幅跳水，跌幅超过70%。另外，由于船东在周期高点订了大量船舶，也给航运市场带来巨大的供给压力。据宁波交通运输协会统计，由于前些年造船业的迅猛发展，导致2011年大量船舶下水投入营运，使本来货运量就少的航运市场"雪上加霜"，近70%的船舶营运率大幅下降，另外30%的船舶处于半停航、停航状态。曾经处于宁波航运业龙头地位的上市公司——宁波海运股份有限公司，于2012年出现高达1.2亿元的巨额亏损。

至2014年底，宁波航运业尚无明显复苏迹象。据宁波港航管理局监测数据显示：当年全市货运形势稳定，共完成水路货运量16113万吨，但同比增幅放缓，仅较上年增长3.75%。全市运力规模下降，至年底全市共拥有营业运输船舶641艘，总运力555.87万载重吨，较2013年下降24.13万载重吨。船舶生产效率表现不佳，当年监测企业平均吨船产量平均值为3468.56吨·公里/吨·月，仅3月和12月在4000吨·公里/吨·月以上。船舶使用效率低位运行，2014年度监测企业船舶航行率整体走势震荡下行，全年船舶航行率高于50%的仅有3个月，年平均水平仅维持在49%左右。监测企业亏损面大，2014年1~12月累计亏损的企业家数达到14家，占全部监测企业的36.8%，其中散货运输企业经营形势尤为严峻，亏损企业占比达到45.83%，油运企业1~12月累计亏损企业占比为27.27%，集装箱企业经营情况相对良好，全年累计未出现亏损情况。

二、宁波航运业发展趋势

（一）航运业兼并重组不可避免

为促进宁波航运业的发展，近年来，宁波市港航局提出要推进航运资源要素配置市场化，大力推行"扶强减弱"政策，鼓励企业兼并重组，推动港航中小企业规模经营，探索以合作伙伴为先导，逐步构建契约式、股权式等联盟机制，增强企业市场竞争力。以宁波海运股份有限公司为例，2013年3月，浙能集团对宁波海运进行了要约收购，成为宁波海运的控股股东。此次收购完成后，宁波海运所拥有的运力和运能将促成浙能集团大大扩充其在能源物流环节的实力和效率，推动能源开采、能源流动、能源生产和销售整体产业链条的有机运转。同时，浙能集团将利用其自身业务优势对宁波海运现有资源优化整合及进一步发展其目前主营业务，达到"双赢"局面。

（二）内河航运复兴计划任重道远

2013年12月，总投资70多亿元，历时10余年建设的浙江水路运输大动脉——杭甬运河正式全线开通，杭甬运河开通意味着宁波港通江达海。一方面，京杭大运河向东有了出海口，通过内河水运可以直接到达宁波港；另一方面，世界各地的货物和集装箱到了宁波港之后，通过"海河联运"可以进入内陆地区，从而提升宁波港的综合实力。对此，宁波港航管理局认识到：紧抓杭甬运河全线通航机遇，是实施内河航运复兴的重要途径。并以此为契机，制定宁波市内河运力补助等鼓励、扶持政策，培育内河航运市场主体。加强对江海联运服务中心建设、全市航运业转型升级、杭甬运河 500 吨级船全线通航等重点工作的全面谋划，也借势借力推进宁波主动融入"一带一路"和长江经济带发展战略。

（三）航运服务层次不断提升

当前国际航运服务业总体上正在由劳动密集型的下游产业向知识密集型的高端航运服务业转变，一些世界级大港纷纷转向具有高附加值的高端航运服务业。宁波将以浙江海洋经济发展纳入国家战略为契机，全面融入上海国际航运中心建设，推进以宁波国际贸易展览中心、国际航运服务中心、国际金融服务中心等为依托的航运服务集聚区建设，提升具有港航、物流、船货代理、金融、保险、法律事务、商务、信息等多种功能的航运服务平台，完善航运服务体系。全力打造产业集群，促进航运服务业与临港产业的不断融合。

第二节 宁波航运业金融服务现状和制约

一、航运金融发展概况

（一）航运金融刚起步，市政府高度重视

2009 年 9 月，时任宁波市领导在《宁波社科内参》刊发的《走"外接"和"内建"之路，兴宁波航运金融之业》一文上做出重要批示：要求市政府《参阅件》全文转载，并请市相关部门联合开展"宁波全球航运金融业及航运物流业、航运服务业产业基地"的专项规划。目前，宁波市政府已经出台《宁波市人民政府办公厅关于加快航运物流金融发展促进我市现代航运物流业转型升级的指导意见》等系列关于加快宁波市航运金融发展的重要文件。航运金融得到了宁

波市政府的高度重视。

(二) 航运金融供给规模小，未形成完整体系

航运金融一般包括：船舶融资、航运保险、运费结算、衍生品交易。根据人民银行宁波市中心支行的信息显示，宁波航运衍生品交易业务几乎为零，运费结算业务未单独列入统计。目前有统计显示的仅限于船舶融资和航运保险业务，市场培育不够完善，各类相关金融业务全球市场份额不足1%，与宁波港口吞吐量的国内国际地位极不相称。特别是近年来受国际航运市场不景气影响，金融机构对船舶融资业务更加谨慎，航运保险业务则受到来自上海的冲击，市场份额有下降趋势。

(三) 航运金融需求缺口大，民营航运企业居多

宁波现有航运企业中，民营企业占了90%。主要从事沿海内河运输，货物以煤炭、铁矿石等散货为主。宁波目前没有专门以船舶贷款为主业的银行，民营航运企业普遍存在资金紧张状况。一部分民营企业通过个人房产抵押从银行获得贷款，极易受市场波动影响带来企业乃至社会不稳定因素，更多的民营航运企业资金缺口无法通过银行信贷满足，只能转向民间借贷方式。

(四) 航运保险面临全球范围竞争，业务外移可能性增大

宁波航运领域保险业务发展较慢，突出表现为业务规模较小，船舶险、货运险保费收入在我国主要港口城市中仅居于中等水平，与宁波港口的地位不相称。从全球范围来看，上海航运保险业务规模只占全球的1%，份额明显偏小，而宁波仅占0.2%，发展滞后的问题更为突出。这与宁波港口货物吞吐量居中国大陆港口第二位、全球第四位的地位是不相匹配的。

究其原因，一方面在上海"两个中心"建设的背景下，国家给予上海在航运保险方面优惠政策，总部经济与优惠政策的叠加，使得宁波航运保险无法与上海在同一层面上竞争，大量本地航运企业选择

上海投保以降低企业成本。另一方面国外知名保险公司也对本地航运企业形成了一定的分流，国外保险公司虽然费率较高，但其赔付金额大、保单公信力强、理赔效率高，所以很多远洋航运企业会选择直接向国外保险机构投保。

二、航运金融面临制约

（一）航运金融市场体系不完善

国际知名航运中心和金融中心无一例外都得到政府的大力支持，并且有高度自由、配套完善的金融市场体系。相比而言，宁波存在较大差距，表现在与航运金融有关的政策、法律法规尚不健全；金融管制约束下缺少人民币自由兑换的市场环境；金融机构层级偏低，外资金融机构缺失；与航运金融业务有关的专业服务市场发展滞后等。

（二）航运金融财税扶持政策短缺

目前银行在境内发放贷款需要对全部利息收入交纳 5% 的营业税，而在境外新加坡等国家不需要交纳该税种。受此影响，中资船公司大量境外注册，船舶贷款及其他航运金融业务大量移至境外。现行的财政税收政策也不利于船舶融资租赁业务的发展，没有对融资租赁公司或者企业以租赁方式取得设备给予增值税优惠。在航运保险方面，发达国家都有税收优惠政策，目前受国家政策支持，上海在进口货运险、出口货运险、船舶险和保函业务 4 个方面免征营业税，但宁波无此优惠。

（三）航运相关金融产品匮乏

从融资产品来看，国内航运融资主要局限在固定资产贷款，并且以大中型企业为主要放款对象。其他如融资租赁业务、IPO 业务、短期中期票据业务所占份额极少。目前，上海已经开展对航运融资品种可操作性的研究，而宁波这方面相对滞后。从保险产品来看，目前宁波只有人保、太保等公司经营船舱保险业务，在船舱责任险、船客险方面开发的业务品种较少；对技术性要求较高的承运人责任险、码头责任险、船舶险等业务，保险公司参与的极少；保陪保险、再保险业务几乎是空白的。

（四）航运金融专业人才不足

航运金融人才必须同时精通航运、金融、法律等多个专业，不仅具备扎实的理论知识，还必须有丰富的从业经验。目前宁波航运金融刚起步不久，人才培养和引进工作也刚刚提上议事日程，从事航运金融业务的管理和从业人员参差不齐，不能很好地满足航运金融业务发展需要。

三、航运金融发展——以宁波保税区为例

宁波保税区紧邻中国大陆第二大港——宁波北仑港，地理位置优越，交通便利。1992 年 11 月，经国务院批准设立的宁波保税区，是开放程度大、政策灵活、机制优越的自由贸易园区，是浙江省唯一的保税区。作为海关监管的特殊经济区域，宁波保税区有着非常优惠的税收、外汇监管政策。保税区政府大力推行航运金融发展，成为宁波航运金融较为发达地区。因此，本章以保税区为例，对宁波航运金融发展状况展开分析。

在航运金融方面，宁波保税区具有良好的基础。2008 年 12 月，保税区率先发展船舶交易业务，设立宁波船舶交易市场有限公司，是交通运输部首批公示的全国七家船舶交易服务机构之一，船舶交易市场为船舶、航运企业提供信息发布、船舶管理、船舶评估、船舶经纪、船舶拍卖、交易鉴证、交易结算等服务；2011 年以来，保税区积极探索开展船舶融资租赁等高端业务，成为浙江省首个引进 SPV 单机单船项目公司的航运金融先行区。由保税区政府推动设立的宁波第一只船舶产业基金也顺利完成第一期募集工作。

（一）航运设备融资租赁

融资租赁是指租赁公司（出租方）将商品交付给承租方使用，

通过按期收取租金以抵补设备款的一种贸易方式。据统计，融资租赁在我国的渗透率只有 5% 左右，而发达国家却达到 15%～30%，成为金融贷款后的第二融资渠道。2011 年底，全国在册运营的各类融资租赁公司约 286 家，融资租赁合同余额约为 9300 亿元。但仅仅过了半年，截至 2012 年 6 月，全国共有各类融资租赁企业已近 400 家，合同余额约 12800 亿元。

宁波保税区自 2011 年底开始试水金融租赁业务，引进了国内大型融资租赁公司——华融金融租赁股份有限公司。至 2012 年底，华融公司已在区内成立了 5 家单机单船项目租赁公司（SPV），其中三项是船舶租赁，两项为设备租赁，融资总规模达到 7 亿元人民币，一定程度上解决了区内外企业购置大型设备的融资需求，也使浙江成为国内继北京、天津、上海之后第四个开展融资租赁单机单船业务的省份。

（二）航运船舶产业基金

航运产业基金是指将分散的、零星的社会闲置资本汇聚拢来，形成合力投向航运产业的投融资形式。在国际上已有几十年的历史，而我国则刚刚兴起。天津、上海、大连近年来陆续设立了航运类产业基金，以支持航运业发展。成立于 2009 年的"天津船舶产业投资基金"，是国内第一支船舶产业基金，总规模 200 亿元，首期募资近 30 亿元，主要投资于船舶资产。

宁波保税区自 2012 年起致力于推动"宁波船舶产业基金"的设立工作。该基金计划第一期拟募集规模 50 亿元人民币，其中 25 亿元人民币将投资于中国境内海运资产，5 亿美元用于收购中国境外海运资产。

（三）船舶交易市场

宁波船舶交易市场成立于 2008 年 12 月，是交通运输部首批公示的全国七家船舶交易服务机构之一，是建设宁波国际航运服务中心和发展宁波现代航运服务业的重要功能性载体。注册地在保税区，营业地点在江东国际航运服务中心。

宁波船舶交易市场自成立后业务发展保持了良好的势头。2008年以来，受国际经济不景气影响，全球航运业出现萎缩和低迷，但宁波船舶市场通过各种手段拓展业务，采取"零距离"、广覆盖的办法联络客户，打造专业化平台吸引客户，业务量逐年攀升（见表6-1）。但是，当前也面临着业务品种单一，盈利渠道狭窄的困境。盈利业务基本局限于船舶交易的鉴证服务和代理服务，收取交易手续费，缺乏规范化、规模化、专业化以及对交易方有吸引力的增值服务。

表6-1 宁波船舶交易市场业务发展情况

交易量	2009年	2010年	2011年	2012年
船舶（艘）	16	22	90	99
金额（亿元）	2.57	3.85	9.76	11.96

资料来源：中国交通新闻网，http://www.zgjtb.com/content/2012-08/07/content_37707.htm。

第三节 金融支持航运业发展的国际经验

航运金融经过一个多世纪的发展，各类业务已比较成熟，形成了一批比较专业的航运金融服务机构，包括银行、保险公司、证券公司、基金公司、金融租赁公司、航运衍生品交易市场等。每年全球船舶贷款规模约3000亿美元，全球船舶租赁交易规模约700亿美元，航运股权及债券融资规模约150亿美元，航运运费衍生品市场规模约1500亿美元，海上保险市场规模约250亿美元。伦敦、纽约、汉堡、中国香港、东京、新加坡六大国际航运中心都是著名的国际航运金融中心。以伦敦为例，每年货物吞吐量不超过 1 亿吨，但在航运金融交易中，拥有世界油轮租船业务的 50%、散货船业务的 40%、船舶融资规模的 18%、航运保险总额的 20%。综观国际航运金融发达城市的经验，主要有以下几个方面：

一、金融管制放松是航运金融发展的重要前提

为了使第二次世界大战后伦敦国际金融中心重新崛起，1957 年后，伦敦金融中心监管当局及时放松了外汇管制，为国际资金融通提供便利，吸引了大量的船舶融资业务；1979 年，英国政府废除了外汇管制和资本流动管制，以伦敦为中心的欧洲货币市场和欧洲债券市场的增长速度大大加快；由于对混业经营的限制少，对外开放程度大，因此伦敦一直是拥有外资银行和保险机构最多的城市。

美国在 20 世纪 70 年代中期之后也开始逐步放松国内管制的国际资本流动限制。1974 年取消了资本流动管理，1982 年完全废止了 Q 条例；1981 年底，美联储允许各类银行设立国际银行设施（IBFs）；1999 年 11 月，美国国会通过了《金融服务现代化法案》，放松了混业经营的限制，纽约的航运金融业务在 80 年代之后也因此得到了快速发展。

在亚洲，东京金融中心在第二次世界大战后兴起也是伴随着金融自由化的进程，从贸易自由化到国内金融市场的自由化，再到全面的金融国际化，促使东京一跃成为与伦敦、纽约并列的三大全球金融中心之一。新加坡政府对外商务一贯奉行"自由主义"的门户开放政策，属于瑞士式的金融中心。中国香港则是国际著名的自由港，在金融方面实行外汇自由兑换，金融市场完全开放，金融企业开办和经营自由，在本地开业的银行享受完全平等的待遇。正是在金融监管放松的条件下，这三地的航运金融得到了空前发展，并支持这三地成为国际著名航运中心。

二、制度条件完善是航运金融发展的根本保证

在制度创新方面，德国首创 KG 模式（制度）。在 KG 基金的安排中，券商设立一只基金来买船，基金部分来自私人投资者，部分来自银行。受益使用人从这只基金处租赁船舶，投资回报率稳定在 20%~30% 间。德国 KG 实际上是一种典型的船舶基金，很长一段时间内成为国际上主流的船舶融资平台，促使汉堡成为全球三大航运融资地之一。

在政策法规方面，日本由国家向船厂提供优惠出口信贷和担保，给予航运企业加速折旧政策、储备基金免税、双壳油船税率优惠；国家对航运公司的商业贷款提供利息补贴；在计划造船制度方面，政府通过商业银行提供船价 70% 的贷款，偿还期限长，利率低，且有偿贷款缓期。以上政策刺激了日本的船舶制造业发展，并由此来推动船舶租赁的发展。

在税收体制方面，如德国对 KG 基金的出资人提供税收优惠，德国公民若将收入投向 KG 公司，可以减免个人所得税，此举极大地刺激了 KG 基金的成长和壮大；又如，新加坡，2006 年政府出台新的税收管理政策，针对船舶租赁公司、船务基金和船务商业信托制定较为优惠的鼓励措施，即新加坡海事金融优惠计划（MFI），该计划提高了船舶租赁公司和船务信托对潜在投资者，特别是社会公众投资者的吸引力，刺激了新加坡海运信托基金等类似船舶投资工具的生成。

三、金融体系健全是航运金融发展的必要条件

（一）金融机构高度集聚

伦敦一直是世界上金融机构最集中的城市。根据伦敦国际金融事务服务局的统计，2008 年底，共有 486 家银行在伦敦营业，数量超过世界上其他任何金融中心，其中 2/3 是外国银行。伦敦保险市场是欧洲第一、世界第三大保险市场。共有保险公司 800 多家，其中 170

多家是外国保险公司的分支机构，伦敦是世界最大的航空和海运保险市场，是世界保险和再保险中心。伦敦集中了近 180 家外国证券公司，几乎 50% 的国际股权交易在这里进行。

纽约是美国的银行中心，按照 2007 年英国《银行家》杂志排名，排名前 10 的银行中，总部设在纽约的有花旗银行和 JP 摩根大通银行，分列第二位和第三位。据 2006 年的统计，纽约的银行家数为 371 家，其中外资银行 321 家。2008 年金融危机前，全球最具影响力的五大投资银行，总部都设在纽约。

中国香港特区金融机构数量仅次于伦敦和纽约。2007 年末，中国香港特区拥有银行业金融机构 200 家，其中持牌银行 142 家，有限制持牌银行 29 家，接受存款公司 29 家；在 200 家金融机构当中，有 132 家是在中国香港特区以外注册的。新加坡作为亚太地区重要的金融中心之一，金融机构数量较多，而且外资银行比重也很高，2007 年末，新加坡共有 110 家银行机构。其中外资银行达 105 家，占全部银行机构的比重为 95.5%。东京金融机构数量与新加坡较为接近，2007 年末，东京共有银行机构 106 家，其中外资银行机构 64 家。

（二）金融市场体系完备

伦敦有着世界上最完备的金融市场体系。伦敦货币市场有 200 多年的发展历史，分为贴现市场、英镑货币市场和欧洲货币市场；伦敦的资本市场主要包括债券市场、股票市场；伦敦外汇市场是全球交易量最大的外汇市场，交易量占全球交易量的 1/3；伦敦最主要的衍生品市场是伦敦国际金融期货期权交易所、伦敦金属交易所和伦敦国际石油交易所。

纽约的证券市场体系完备，最为著名的当然是纽约证券交易所，它是全世界最大的证券交易所；纳斯达克则是全球创业板市场的典范，尽管其总部不在纽约，但由于它的主要会员机构均位于纽约，因此也是纽约证券市场的一个重要组成部分。纽约外汇市场不但是美国国内外汇交易中心，而且是世界各地外汇结算的枢纽；在场外交易市场（OTC）上，由于主要的市场参与者都是各国的大型商业银行，因此纽约的场外金融交易在美国市场所占比重最大。

日本有 8 家证券交易所，东京证券交易所规模最大，占全国交易总量的 80%以上。日本债券市场的规模仅次于美国，位居世界第二，且债券市场品种繁多，大致分为公共债券、企业债券和外国债券三大类；日本的外汇市场集中于东京和大阪，并以东京为主，东京外汇市场交易额超过全日本交易总额的 90%；在金融衍生品市场方面，东京证券交易所主要交易国债期货和股指期货，东京金融期货交易所则是以短期利率期货为主的交易所。

四、高素质专业人才是航运金融发展的智力支撑

金融专业人才和劳动力市场的灵活性被认为是决定金融中心竞争力最重要的因素。按获得注册金融分析师资格的人数排列，前四位的国家和地区依次是：美国、加拿大、英国和中国香港。高素质人才通常利用不断更换工作以实现个人价值，一个城市的软件因素，如文化、开放度、多样性、生活质量、语言等在人才选择工作和生活地点时起到了重要作用。伦敦作为国际化大都市，多元文化聚集，约 40%的人口为外国人，其中很多来自英国以前的殖民地或英联邦国家，这些人都是各国的精英，有类似的语言、文化和制度背景，而英国也始终保持着灵活开放的态度，欢迎全球各地的人才，无形中扩大了相对狭小的国内市场。在伦敦，专业从事航运金融服务的相关人员有 14300 人。

第四节　金融支持宁波航运业的创新思路和政策建议

本部分仍以宁波保税区为立足点，从多个角度探讨宁波航运金融的未来发展之路。

一、重点培育和梯度发展相结合，合理布局航运金融业态

（一）重点形成融资租赁产业集聚

1. 重要性、紧迫性与可行性分析

当前推进融资租赁业发展，有利于加快宁波航运金融和航运服务等现代服务业发展，有利于促进宁波产业融合和产业链高端化发展，既有利于推进宁波国际贸易示范区贸易多元化，也有利于满足地方政府基础设施等公共产品领域的融资需求①。

从发展的紧迫性来看，融资租赁业在我国目前仍是"朝阳产业"，但近年来，在国家政策的鼓励下，各级地方政府出于对长期资产配置的现实需要，纷纷将融资租赁业作为重点扶持对象。上海、天津等地出台各种优惠政策吸引融资租赁机构落地，全力打造融资租赁集聚区。宁波作为长三角区域金融中心，若不能紧跟形势发展，尽快抢夺市场先机，就会在未来金融市场多元化格局中丧失重要的利益。

从可行性来看，选择在宁波保税区开展融资租赁业务是恰当、合理的。理由一是国家关于融资租赁的政策对保税区实行倾斜。如银监会规定金融租赁的单项设备公司（SPV）仅允许在保税区开设，且在进口设备关税、增值税方面享受优惠；又如 SPV 公司从境外进口设备租赁给用户，视同跨境租赁，该用户可享受跨境租赁的优惠税率；而境外机构委托国内生产的设备，如果在保税区销售，视同出口享受出口退税，间接降低了融资租赁的成本。二是开展船舶融资租赁，有效契合了保税区的区位优势。保税区毗邻北仑港，融资租赁业务所涉船舶交接可以实现无缝对接，既节约了成本也方便海关监管。

2. 发展思路和措施

发展思路：大力引进各类融资租赁机构，形成融资租赁业集聚

---

① 王玉建，应容与. 拓展融资租赁业推动国际贸易示范区建设 [J]. 宁波经济，2011 (11).

效应。

具体举措：根据区位选择理论，金融机构的选址决策取决于：供给因素（拟选址地区的经营特许权、专业人才、经营场地、设备及投入成本等情况）、需求因素（拟选址地区的客户情况）和沉没成本。基于此，我们就如何引进融资租赁机构提出如下建议：

指定专门部门，协调融资租赁机构各种外部关系。这种外部关系包括注册验资取得营业执照的方便程度、机构异地办公问题①的协调解决、地方财政税收的支持力度，还包括与海关总署协调在保税区进口租赁设备的关税问题②，等等，目的是为融资租赁公司创造宽松的环境，降低经营成本，提高投资回报。

落实优惠政策，吸引机构和人才落户。目前，宁波保税区对引进融资租赁机构而给予的财政、税收支持力度，相比上海浦东、天津东疆并不逊色。因此，在优惠尺度上想再有突破存在一定难度，而应将工作重点落在狠抓政策落实，兑现承诺并尽快到位，使企业和高级人才切实得到利益和实惠。

联合商业银行，牵头组建融资租赁"资金池"。目前，融资租赁公司购置设备的资金，多来源于短期信托存款或银行短期贷款，业内普遍存在资金缺口。如果保税区能够助其拓宽融资渠道，将对融资租赁机构落户产生强烈吸引力。目前上海等地正在筹建外币资金池，以解决上述问题。建议保税区政府牵头，联合若干家商业银行，成立融资租赁"资金池"，同时包含人民币和外币授信额度，创新商业银行融资产品，为具备相当资质规模且风险管控能力强的融资租赁公司提供资金支持。

加强需求侧研究，挖掘融资租赁客户群。向融资租赁的需求侧，即承租方提供相应的财政税收优惠政策，鼓励其通过融资租赁方式获

---

① 主要指金融机构注册在保税区，营业在市区的问题。
② 现行税收体制规定，银行系租赁公司在保税区设立的 SPV 公司，购买飞机入关可享受1%关税、4%增值税的优惠税率，而对进口船舶尚无统一规定，需一事一议。

得生产经营所需设备；通过各类媒体宣传保税区融资租赁业务，形成"在宁波乃至浙江，做船舶融资租赁就到保税区"的口碑；通过业务宣介、论坛组织、项目洽谈等多种形式挖掘客户，为融资租赁机构与潜在客户牵线搭桥，通过需求侧引导手段，促进融资租赁业在保税区做大做强。

（二）加快推进航运产业基金设立运行

1. 必要性与可行性分析

设立航运产业基金，是宁波实施海洋经济战略的需要，是吸引民间资本参与海洋经济建设的需要，是宁波打造航运金融服务品牌的需要，也是金融支持宁波航运产业提升发展的需要。

从现实条件来看，当前在保税区设立航运产业基金具有高度可行性。首先，保税区政策环境优势。保税区作为海关监管的特殊经济区域，有着非常优惠的税收、外汇监管政策，企业可以在保税区开设外汇账户进行便利的外汇管理，便于航运产业基金的国际化运作。其次，时机选择正当时。国际航运市场发展呈周期性波动态势，当前正处于航运市场低迷期，在此时投资，购进船舶等相关资产，待航运市场回暖时可获得丰厚回报。最后，浙江民间资本充裕，民间资本急于寻找新的出路。调研显示，国际经济连续多年不景气和国内宏观调控，已严重影响浙江众多民营企业的生存状态，他们急于寻找新的利润增长点以实现资产的保值增值，这样的愿望正契合了基金募集的需求。

2. 发展思路和措施

发展思路：以项目带动引进基金业高端团队；寻找潜在投资者，确保基金顺利募集运行。具体措施如下：

指定专门部门，协调基金外部事务。船舶产业基金注册保税区后，需要有政府相关部门帮助其协调处理外部一系列关系，包括争取将"宁波船舶产业基金"升级为省级产业基金进行扶持，以便能够立足宁波，服务浙江，辐射长三角；船舶产业基金设立美元基金需要国家外汇管理总局审批；在基金设立过程中，涉及工商、发改委、外经贸、外汇管理等部门，需要市政府协调；需要取得海关总署的支持。

强化金融手段，助推基金顺利募集。基金能否顺利运行，第一步关键就是能否募集到所需资金。目前，除了发起人出资外，保税区政府拟注入部分引导基金，其余则需要动员国企资金和民间资金参与。建议国企投资者由基金管理公司在其客户关系网络中寻找，而民间投资者挖掘要从三方面入手，一是让基金产生赚钱效应。为此在基金募资达15亿元后，暂时封闭运营，若能达到较好效益，再吸纳民间资本参与。二是提供增值服务。对参与募集的民营企业给予金融理财顾问服务，帮助他们进行合理的财务金融规划。三是建议一部分基金份额先用打包方式由传统金融机构购买，再由该机构拆细后向普通投资者公开募集，以解决私募门槛偏高问题，让更多中小投资者也能参与其中。

落实优惠政策，吸引机构人才。目前，宁波保税区对股权投资基金给予的财政税收扶持政策，与国内其他地区相比力度较大，无疑对机构、人才有着较强的吸引力。下一步应着力做好政策的落实到位工作。

(三) 逐步开展船舶交易市场金融服务

发展思路：逐步开展各类金融服务，变单一业务模式为多元化盈利模式。

对策措施：设立交易信用账户。船舶交易涉及金额巨大，从达成交易意向到完成交易直至过户更名，需要较长一段时间，在这段时间内，交易款何时汇划是困扰买卖双方的问题，划得早了买方感到有风险，而等到一切手续全部完毕后再划款，卖方又担心买方违约。在这种情况下，如果以船舶交易市场的名义开立具有公信力的账户，由市场方监管，在交易合同签订后，买方将交易款打入该账户，等船舶交易的所有手续办完后，再从该账户转给卖方，这样对交易双方的利益都能起到很好的保障作用，也提高了船舶交易市场的公信力。

开展航运保险合作。船舶交易市场应依托"区域航运保险服务中心"［详见本节第（四）部分的相关内容］，开展与各类保险机构的合作，包括保险公司、保险代理机构、保险经纪机构等，将航运保险嵌入到船舶交易的整个流程中。实现市场与航运保险机构客户资源共享的良性互动局面。

提供金融衍生品交易。船舶交易市场通过研发金融衍生产品，为船东融资提供有效金融工具。目前，由于航运市场低迷，船东融资异常艰难，融资缺口巨大。对此，船舶交易市场可以发挥中介优势，研发二手船交易衍生品指数期货，为金融机构、船东、船厂等相关方提供船舶融资对冲工具，让相关方利用期货市场的套期保值功能转移风险，为船舶市场投融资创造便利条件。目前，舟山已推出我国首个二手船交易价格指数，宁波可结合自身市场，研究基于指数的衍生品交易。

介入海事仲裁服务。海事仲裁服务虽然不完全属于金融服务，但也是船舶交易市场未来拓展盈利模式的一项很好选择。船舶交易市场可以成立公估机构，取得海事法院认可的经营资质，开展船舶理赔等相关增值业务。通过与海事法院合作，分享海事理赔、仲裁的利益蛋糕。

搭建综合融资保险等服务平台。通过市场平台集聚各种航运融资租赁企业、金融机构、保险机构、保险经纪机构、海事仲裁等机构，建立这些机构与航运企业和船东的业务信息对接，船舶交易市场发挥第三方服务机构的作用。

（四）争取建成区域航运保险服务中心

建设思路：与上海在航运保险领域错位、分层发展，大力开展航运保险代理服务、经纪服务，形成类超市的航运保险服务集聚平台。

对策举措：大力引进保险专业中介机构。保险专业中介机构是指保险代理公司、保险经纪公司等。目前，宁波还没有类似的正规公司，而深圳、上海等地已经相对成熟。宁波引进保险专业中介机构的目的在于：一是让本地航运企业不出宁波就能享受到上海甚至国外知名保险公司的航运保险服务，在方便本地航运企业的同时，也培育了一批保险中介机构。二是依托专业中介机构为航运企业设计合理的投保方案，提升保险业服务水平。在航运保险中，船东如果直接向保险公司投保，由于双方信息不对称，船东方往往处于相对弱势，而保险经纪人的介入有望改善这一失衡局面。保险经纪人具有专业的业务水平，能够从被保险人的利益出发设计保险方案、提供理赔协助服务，平衡保险双方的话语权。

对此，保税区政府部门应出台一系列优惠政策，并加强宣传和引导，吸引有航运物流保险背景的保险专业中介机构注册保税区，使得宁波航运企业可以在家门口方便地享受到国内外航运保险产品。

引导建立航运保险服务中心。中心建设需解决好三个问题：一是机构引进。中心应当汇聚驻甬各家保险公司的航运事业部、注册在保税区的保险代理机构、保险经纪机构以及为其配套服务的公估、法律、船检等相关机构，为航运企业提供一站式服务。中心应特别开展与国际著名航运保险机构——劳合社的接触，争取在保税区设立办事机构，以提升中心档次，获取国际航运保险经验。二是信息系统构建，在有形市场的基础上，建立网络信息平台，开展网上咨询、投保、报案、续保、查询等系列服务，形成网上市场与实体市场并行的局面，以方便和吸引客户。三是选址问题。从方便保险业务开展和与船舶交易市场互动的要求来看，建议中心与宁波船舶交易市场在同一地点办公，以实现客户资源共享（从航运服务要素集聚来看，办公地点可考虑在国际航运服务中心内）。

二、依托三大平台，构建航运金融各业态协同发展机制

各类航运金融服务在保税区依次展开、层层推进，需要一套彼此协调、协同共生的运行机制，以确保各项业务相互支持，在既定环境下发挥最佳效应。而这种协同共生机制需要依托平台建设。

（一）平台一：航运金融管理中心

航运金融管理中心是一个实体机构，定位于服务与管理，发挥整合保税区乃至全国航运金融资源、制定产业发展规划、协调运行节点提高效率的作用。成立初期主要开发两大功能：一是建设和维护航运金融智慧平台。在该平台上实现集聚航运机构人才、发布相关信息、在线交易等功能，逐步将智慧航运融入宁波智慧城市建设中。二是协调功能。协调保税区航运金融的各类外部关系和内部摩擦，起到产业发展润滑剂的作用，提高航运金融发展的效率。通过该中心实现航运金融各业态协同发展。

1. 集聚航运金融服务机构

在智慧平台上，能全面了解从事航运金融的机构信息及其开展的业务信息。在保税区开展航运金融的各类机构，包括银行、保险、租赁、基金管理等主体公司，以及为航运金融服务的评估、海事、仲裁等各类辅助机构，都应在该中心登记，便于保税区政府统筹规划，实现资源有效利用，避免盲目重复建设或业态发展不均衡；也便于机构与机构之间、机构与客户之间信息的传递和交流，提高行业运行效率。

2. 构建航运金融人才数据库

在智慧平台上，能方便地搜索到航运金融不同领域的国内外专家和人才信息，满足航运金融机构的人才需求。航运金融人才属于复合型高端人才，他们既要懂航运业的发展特点，也要具备相当的金融实践能力；既要熟悉国内的相关法律制度，也要了解国际航运市场的惯例和发展动态。在保税区甚至宁波，短期内难以有效集聚大量这方面的人才。但是通过构建人才数据库，网罗国内外航运金融专业人才信息，通过项目咨询、发展论坛等形式与高端人才保持联系，共同为保税区航运金融的发展出谋划策。

3. 实现航运金融业务在线交易

在智慧平台上，能实现所有航运金融业务的在线交易，完成信息查询、价格比较、交易下单、资金结算、交易过户、后续服务等一条龙服务。以类似于天猫商城的形式，让各种航运服务机构在平台上销售产品和服务，同类业务机构通过在平台上竞争获得成长动力。逐步建成浙江乃至全国具有较高知名度的航运金融产品交易中心。

4. 引导航运金融项目协同发展

航运金融在我国起步时间晚，各方面的法律法规和政策制度还不够完善，目前只能边实践边争取政策上的倾斜和突破。对此，航运服务中心肩负着协调外部关系、处理内部摩擦的重任。对外要主动协调与国家部委、浙江省、宁波市相关职能部门的关系，积极争取先行先试的政策，争取财政税收上的支持；对内则要研究各个业态各个项目梯度推进、协同共生机制，尽量减少摩擦，以提高保税区航运金融运行效率。

（二）平台二：船舶交易市场

1. 为航运金融机构挖掘潜在客户

船舶交易市场集聚了大量的船舶、航运类企业，为挖掘航运金融潜在客户提供了便利。基于船舶交易市场这个平台，一是可以为船舶产业基金寻找潜在投资者和合适的项目。通过在船舶市场内开展宣传和咨询，将有意向客户推荐给基金管理人；在基金成立后，也可向基金管理人推荐合适的项目。当前航运业低迷，船舶交易市场经常会接触到价格被低估的项目，适合向基金管理人推荐。而基金管理人也可以凭借其遍布全球的客户资源，为船舶市场引荐有交易需求的客户。二是为融资租赁公司与承租方之间搭起沟通的桥梁，通过在市场设立业务窗口，帮助有需要的企业以融资租赁方式解决资金困难，也有助于出租方寻找到合适的项目。三是为航运保险机构推荐客户，或者将保险业务直接嵌入船舶交易的整个流程中，与保险机构实现"双赢"。

2. 为航运金融业务提供交易场所

船舶交易市场应当为船舶基金、船舶租赁所涉的船东过户、航运保单交易等提供流通交易场所，并对注册在保税区的基金、融资租赁机构、保险机构的交易业务给予交易费用和税收优惠。一是船舶产业基金募集后的上市流通。目前，受政策制约，国内私募基金还没有公开转让的平台，但兴建不久的浙江场外交易市场（OTC）为非公开上市的证券交易提供了机会，建议船舶交易市场积极联系申请，争取成为浙江 OTC 市场的子市场，开通涉海类基金等证券的流通转让，大力推动保税区船舶基金的发展。二是融资租赁船舶过户。通过税费引导，尽可能争取其放在宁波船舶交易市场进行。

3. 集聚中小企业获得航运金融业务价格优势

江浙一带民营经济发达，但单个民营航运企业普遍规模小、实力不强，难以与金融机构平等对话，缺乏谈判权和话语权，导致金融服务的成本偏高。而船舶交易市场通过集合场内中小航运企业与金融机构谈判，在航运保险、贷款利率、基金费率、租赁手续费、银行授信等方面，为中小航运企业谋取最大利益，而这反过来也会增加船舶市场对航运企业的吸引力。

4. 提供全方位多层次航运信息

提供多层次、全方位的航运信息服务，使得航运相关企业能够方便地在这个平台上获得航运金融、航运市场、航运服务的各类信息。除了目前已挂牌的船舶求购、船舶出售信息，还可以增加船舶设备供求信息；建立船舶和设备建造企业名库，船东公司名库；发布航运基金销售、交易信息；航运融资渠道、成本和流程信息；航运保险机构、产品和经纪人信息；发布航运指数；等等。使得船舶交易市场成为航运信息集散地，凝聚人气。

（三）平台三：离岸金融实验区

1. 尝试航运基金境外募集

保税区推出的首只船舶基金，拟在境外募集部分美元资产，并对基金资产在船舶领域进行全球化配置。若能在保税区开展离岸金融业务试点，就有可能将基金境内外资产的全部结算业务留在保税区，扩大了境内银行的结算业务量，也便于投资者监管。其中外币账户管理和境外投资，可通过开设离岸 OSA 账户或者外币 NRA 账户实现，且与该基金的人民币业务账户开设在同一家境内有离岸业务资格的中资银行或外资银行，或直接设立人民币 NRA 账户，这将方便基金外汇资产的进出，大大简化基金境外投资审批手续，及时平衡基金的本外币头寸，有效抓住全球船舶市场投资机会。

2. 尝试离岸融资租赁业务

离岸船舶融资租赁一直有很大的市场需求，第一种是境外承租方、境内出租方。在方便旗船主导的国际航运市场大背景下，大量的中资远洋船舶到海外注册为方便旗船，境内融资租赁机构要为其融资就涉及离岸融资租赁。第二种是境外出租方、境内承租方，如境内航运企业对国际二手船的需求，需由境外金融机构提供融资租赁方案。但在当前背景下，离岸融资租赁业务面临着许多制约，如外汇管制、境内机构不允许境外借款、税负偏高等问题。如果保税区成为离岸金融实验区，就可能在上述问题上有所突破。具体措施包括，对离岸船舶融资租赁机构放松外汇管制，保证离岸资金自由进出和汇兑，离岸账户资金可自由划拨和转移；对船舶融资租赁公司的外汇实行余额管理，在余额指标范围内，无须逐笔审批；允许区内特许金融机构控制拥有境外特殊目的单船公司，当船舶登记在特殊目的单船公司名下时，不改变船舶出口的性质或不产生船舶进口的问题，有利于降低航运企业的经营成本和船舶的融资成本，提高航运企业和境内金融机构的竞争力。

3. 尝试国际航运运费结算

运费结算是航运金融的一项重要内容。国际航运企业承揽全球航运业务，运费收取来自世界各地，以国际流通货币（如美元）结算成为惯例，一些知名航运企业每年运费结算金额庞大，成为各家金融机构竞相争夺的焦点。但是，由于国内外汇管制等原因，国内大型航运企业都将航运交易结算中心设到了中国香港特区或新加坡。宁波目前以外币结算的运费非常小。若保税区能成为离岸金融实验区允许外币资金自由进出，加上保税区的特殊优惠政策，将首先吸引中资航运公司把资金结算中心、资金管理中心设在保税区，以后逐步吸引外资航运公司将其区域结算总部迁到保税区，为航运企业的境内外业务提供结算、融资、保值避险等金融服务。

三、发展航运金融的政策建议

（一）争取国家省市政策支持

航运金融在国内起步时间不长，在政策和配套环境上还有许多不完善之处，制约着产业的发展，必须在实践中不断修正和完善。建议成立专门协调机构——航运金融管理中心（见前文所述"平台一"），对航运金融推进过程中遇到的"瓶颈"问题进行梳理和研究，对确实需要在政策上予以突破的，应积极向上级政府部门进行申请和论证，争取获得政策上的倾斜或享受"一事一议"权利。

（二）研究落实专项扶持政策

从国际经验来看，世界各大航运中心和金融中心无一例外都得到了政府的大力支持，宁波发展航运金融也需要政府在财政税收、行政登记审批等方面出台一系列配套政策，建议：一是采取税收减免政策，除了现有对航运金融的优惠政策以外，还应鼓励宁波海上货运险本地投保，适当降低银行船舶贷款业务、保险公司海上保险业务的营业税，对国际航运业务免收营业税；二是积极配合国家有关部门船舶登记制度，简化抵押等登记手续，降低抵押费用；三是鼓励航运金融机构实施国际化、全球化发展战略，放松对其境外投资限制；四是及时出台支持航运金融发展的金融外汇政策，便利航运相关外汇资金跨境支付。

（三）依托智慧服务提升效率

当前，智慧服务（产业）正越来越受到各级政府的重视，它能够极大地提高经济效益，改善发展的软环境。保税区航运金融也要借助智慧服务提升发展效率。一是成立航运金融智库，由国内外航运产业专家、高校研究机构相关学术骨干组成，与政府相关部门就产业发展整体规划、发展模式、协同创新等航运金融重大问题进行定期不定期的研究。二是高度重视"航运金融智慧平台"开发工作，在航运金融各领域大量植入信息技术，建立类似物联网的信息系统，确保各项航运金融业务信息公开化、透明化、便利化，使市场主体能够以最低的成本、最快的速度、最便利的手段获取所需的金融服务。

（四）加快离岸金融创新试点

离岸金融创新试验区能否落户在保税区，将在很大程度上影响到保税区航运金融的规模、层次和国际化程度，试验区是我国当前人民币尚未自由兑换条件下，提高外汇进出自由程度的重要门户。宁波市政府应高度重视离岸金融市场建设的重要意义，将其作为未来5~10年内最重要金融工作之一来抓。积极争取成为国家级离岸金融创新试验区，成立离岸金融市场发展领导小组，建立相关的法律保障体系，推动离岸金融基础设施建设，打造有效的风险控制和管理机制，为航运金融国际化、高端化、产业化发展打好基础。

（五）完善人才培养引进机制

宁波应建立航运金融专业人才引进和培养机制，形成专业化人才队伍。要制定优惠政策，吸引了解国际惯例、有丰富航运金融从业经验的高级人才来宁波工作，加大对项目引进中做出突出贡献的展业人才奖励力度；同时，加强政府部门和企业对航运金融相关工作人员职业培训，通过建立国内外培养考察机制、内部沟通机制、激励机制，发展高等院校的航运金融专业学科体系等办法，完善航运金融人才培养体系。

第七章 金融支持宁波大宗商品
交易市场建设研究

"三位一体"港航物流服务体系是宁波市海洋经济发展的战略重点。其中，大宗商品交易是核心，是宁波建设国际强港和提升海洋经济发展核心竞争力的重要依托，也是宁波市乃至浙江省承担国家战略资源储备与保障功能的载体。大宗商品交易平台的形成既需要产业、贸易和物流的集聚，更需要金融和信息等配套服务的支撑。本章描述了宁波大宗商品交易平台发展现状、金融服务现状和制约因素，通过总结国际经验，探讨金融支持大宗商品交易市场发展的创新思路和对策建议。

第一节 宁波大宗商品交易市场发展现状

本节在简述大宗商品以及我国大宗商品交易市场的基础上，重点描述宁波大宗商品交易平台的发展规模、区域分布、交易方式以及监管体系，主要侧重于在宁波发展基础比较扎实的石油化工、工业原材料、建材、煤炭、船舶和粮食等品种。

一、大宗商品及其大宗商品交易市场

大宗商品是指可进入流通领域，但非零售环节，具有商品属性，用于工农业生产与消费使用的大批量买卖的物质商品，按照使用的主

要领域可以分为能源、基础原材料和农副产品三大类。在金融投资领域，大宗商品则指可标准化、可交易、被广泛作为工业基础原材料的商品。大宗商品一旦成为投资品种，其价格走势常常脱离商品市场供需的基本面，主要与资本市场预期、资金供给、利率、汇率乃至国家政策、国际关系、战争动乱等因素相关联。

从市场特征来看，大宗商品交易市场大致分为两类：实体交易市场和虚拟交易市场。实体交易市场即现货交易市场，各种交易主体在空间上集聚；虚拟交易市场，即期货交易所。自 1948 年芝加哥商品交易所成立以后，国际大宗商品交易市场主要以远期和期货合约交易为主，其最初功能是价格发现和套期保值，为市场参与者提供风险管理和交易场所。

随着期货市场的发现价格、转移风险和提高市场流动性的功能不断提高，相应地，商品市场成为金融市场的一部分，从而原油、钢材、铁矿石等大宗商品也就具有了"金融属性"[1]。比较而言，大宗商品的金融属性比商品属性更为明显[2]。

目前我国大宗商品市场可分为以下三个层次：一是期货市场，以上海期货交易所、郑州商品期货交易所和大连商品期货交易所为核心，由证监会监管；二是现货市场，主要有批发市场、零售市场以及现货电子盘市场，此类市场归商务部监管；三是商品场外衍生品市场，主要是部分利用期货交易规则进行商品中远期和类期货交易的地方交易所。该类市场监管主体并未明确，目前主要由部际联席会议制度规范，商务部也曾发文指导地方政府进行监管。

---

[1]　商品的金融属性体现商品的资产性，是不同商品作为一种资产形式时所具备的共性和差异性特征的具体体现。较为普遍的说法为：商品属性是由供求关系决定的，金融属性则是由资本市场决定的。

[2]　专家普遍认为，当前主导大宗商品走强的主要推动力不是供需影响下的商品属性，而是货币因素影响下的金融属性。参阅宁波市发展和改革委员会、北京市长城企业战略研究所研究报告：宁波培育大宗商品交易市场研究。

与发达国家大宗商品交易市场相比，目前我国大宗商品市场仍有较大差距，具体表现在：一是全国统一的市场体系尚未完全形成；二是现代化市场组织体系和交易方式发展不充分；三是商品市场缺乏有效的风险管理手段；四是商品市场的国际化程度严重不足；五是商品市场立法滞后。为此，有关部门正在抓紧调查与研究，旨在对我国大宗商品市场体系进行层次设计与功能定位，通过构建多层次大宗商品市场体系，既要在场内期货市场与现货市场之间设计一套大宗商品衍生品市场体系，充分发挥地方商品交易所和期货中介机构的积极作用，为市场提供多元化、个性化的大宗商品交易和风险管理服务；又要理顺现有市场形态的功能和机制，健全期货市场的功能，充分建立期货市场与大宗商品现货市场的连接，满足实体经济多样化的商品交易和风险管理需求。

我国正在探索的多层次大宗商品交易市场包括三层：最上层是期货市场；中间层是场外市场——根据市场组织主体不同，又划分为集中清算平台、机构间市场和区域性场外市场及中介机构柜台市场三个子层次；最下层是现货市场。英美等发达经济体的商品市场不只是由现货市场与期货市场两个市场层次构成，其中间层次——场外市场，即柜台（OTC）市场也非常活跃，这是长期以来的市场选择和淘汰的结果。

二、宁波主要大宗商品交易市场规模

宁波市拥有大宗商品交易专业市场 77 个，其中百亿以上规模的大宗商品交易市场共 5 家，涵盖塑料、液体化工、钢材、煤炭等行业。从表 7-1 可见，宁波市主要大宗商品交易市场的交易额呈逐年上升趋势。2011 年 8 月，宁波大宗商品交易所成立，为宁波在全球资源性商品竞争中提供了有利条件，使之成为全国有重要影响力的多商品交易中心。2012 年 9 月，宁波大宗商品交易所成为全国唯一一家以大宗商品电子交易、金融服务为重点的试点项目，主要是为企业提供大宗商品现货交易的服务，使得大宗商品的交易更加高效、快捷、安全。2014 年 1 月，宁波大宗商品交易所"全天候交收系统"正式上线，成为全国首家实现交易交收功能的现货商品交易所。自开业到 2013 年底，宁波市大宗商品交易所（甬商所）累计实现交易额 3231.44 亿元，其中 2013 年交易额达到 2085.8 亿元，交收量达到 8.64 万吨①，初步形成了集交易、物流、信息、金融等功能于一体的综合性现货交易服务体系。余姚中国塑料城成立于 1994 年，经过 20 年的发展，创造了"交易总量全国第一、经营品种全国第一、商户规模全国第一"等十几个全国第一的优异成绩，被国家商务部列为第一批全国重点联系市场。2013 年全年交易额达到 980 亿元，其中，现货成交交易 508 亿元，比上年增长 12.9%，网上成交总额 472 亿元，比上年增长 17.1%。

表 7-1　主要大宗商品交易市场交易额

单位：亿元

交易市场名称	2010 年	2011 年	2012 年	2013 年
宁波大宗商品交易所	—	—	—	2085.8
镇海液体化工市场	125.8	152.6	167.9	178.6
镇海钢材市场	19.6			—
镇海煤炭市场	102.7	133.9	176.7	187.5
镇海厚恒物资城	98.2	100.0	117.7	—
余姚中国塑料城	375.0	402.3	450.0	980.0
宁波船舶交易市场	3.3	9.8	11.9	—
宁波金属原材料交易市场	550	—	—	—
宁波神化镍金属交易市场	120	—	—	—

资料来源：根据各个专业市场的统计资料整理得到。

---

① 资料来源：http：//fz. ningbo. gov. cn/detail. php? newId=27190&catId=46。

三、宁波主要大宗商品交易市场区域分布

宁波市大宗商品交易市场主要集中在镇海、江东、保税区、余姚等（见表 7-2），与区域产业集聚基础有较大的关联性。如余姚中国塑料城的发展壮大跟余姚的塑料产业集群的发展休戚相关，其发布的"中国塑料价格指数"成为全国塑料行业的"风向标"，已成为国内最大的集塑料原料销售、塑料信息发布、塑料会展、塑料机械、塑料模具、塑料制品及其他辅助材料于一体的专业生产资料市场。镇海液体化工市场依托宁波港口优势和镇海炼化的资源优势，已开展液体化工产品现货交易为基础，发展成为国内第一家专业性液体化工 B2B 第三方电子交易平台，拥有遍布全国 30 多个省、市、自治区的 2500 多家液体化工企业会员。宁波江东神化镍金属交易量占国内现货市场的 40%、全球现货市场的 9.2%，已成为亚太镍金属的集散中心。

表 7-2　主要大宗商品交易市场区域分布

区域	交易市场	运营时间
镇海	液体化工市场	1998 年
	煤炭市场	2003 年
	钢材市场	2001 年
	厚恒物资城（以经营钢材交易为主）	2007 年
江东	神化镍金属交易市场	2000 年
	宁波大宗商品交易所	2011 年
保税区	宁波固体化工交易市场	2010 年
	宁波船舶交易市场	2008 年
	宁波金属原材料交易市场	2009 年
余姚	余姚中国塑料城	1994 年

资料来源：根据各专业市场资料整理得到。转引自许继琴等：《宁波港航物流服务体系研究》，浙江大学出版社，2012 年。

四、宁波主要大宗商品市场交易方式

从国外的经验来看，商品交易市场的发展经历了现货市场、远期交易市场和期货市场三个不同的阶段，且三者并不是相互替代的关系，而是相互补充、相互促进、相互衔接，共同构成完整的商品市场体系。由于受当前国家对中远期交易市场的政策限制，各地根据各种大宗商品的特性和市场需求，在石油、钢材、粮食、煤炭、化工等大宗商品领域，先后开展竞价交易、商城挂牌交易、中远期交易、现货递延交易等模式的创新和尝试，各项服务在市场中不断磨合、完善和提升。归纳而言，宁波大宗商品交易市场中，除了余姚中国塑料城以及镇海液体化工品交易市场有中远期电子交易①资格外，其余均采用即期现货交易（见表7-3）。

表7-3　主要大宗商品市场交易方式

交易市场名称	交易方式
宁波大宗商品交易所	即期现货、现货电子交易、中远期电子交易
镇海液体化工市场	即期现货、现货电子交易、中远期电子交易
镇海钢材市场	即期现货
镇海煤炭市场	即期现货
镇海厚恒物资城	即期现货
余姚中国塑料城	即期现货、中远期电子交易
宁波固体化工品交易市场	即期现货
宁波船舶交易市场	即期现货
宁波金属原材料交易市场	即期现货
宁波神化镍金属交易市场	即期现货

资料来源：根据各专业市场资料整理得到。转引自许继琴等：《宁波港航物流服务体系研究》，浙江大学出版社，2012年。

---

① 大宗商品中远期交易模式是指利用现代化的网络技术，将中远期合同、保证金制度、每日无负债结算和电子商务进行集成创新，实现了大宗商品"多对多"的线上集中撮合交易，从而突破了传统市场在交易上的时空局限。

余姚中国塑料城为在运用"中塑仓单"交易模式的基础上，研发了由五大技术标准组成的"中塑现货"网上交易模式，网上交易市场发展迅速，已经成为全国交易规模最大的塑料电子交易市场。

镇海液体化工交易市场采用即期现货，现货电子交易、中远期电子交易的交易方式。该交易平台除电子交易服务外，还提供信息服务、物流服务、信用评级服务、金融服务等多项业务。

宁波大宗商品交易所通过开发现货递延交易开启大宗商品的智慧贸易时代。基于对专业市场运营机理、互联网技术和电子商务的深刻理解，宁波大宗商品交易所在金属、能源、化工等大宗商品领域推出了集竞价交易、商城挂牌交易、中远期交易功能于一体的现货递延交易模式，即交易商通过甬商所电子交易系统进行交易商品的买入或卖出的价格申报，经电子交易系统配对成交后自动生成电子交易合同，交易商订立电子交易合同后，可以选择交易日当天申请交收，也可以在日后申请交收，甬商所采用递延交收补偿制度来平衡实物交收申请未获得满足的交易商的利益。现货递延交易模式使大宗商品中远期市场有序回归现货，产生了传统贸易和电子商务模式所不具有的规避价格风险、现货公允价格形成等功能，成为互联网时代专业市场集约化、网络化、智能化发展的方向。

五、主要大宗商品交易市场监管体系

针对大宗商品电子交易市场出现的风险，大宗商品交易市场的监管主要围绕资金和交易主体进行。宁波市以中远期交易客户保证金实行第三方存管为突破口，在市场监管方面取得了实质性进展。

余姚中国塑料城的网上市场是国内首个实行双重监管制度的电子交易市场。浙江塑料城网上市场成立初期，就成立了由政府部门组成的市场监督管理委员会，在国内首创了政府第三方监管制度，由政府对交易资金进行审计监督。同时，还制定了《中塑仓单交易规范》、《中塑仓单风险控制制度》等一系列管理制度，并成为《大宗商品电子交易风险控制》国家标准的起草单位。2010 年，网上市场又与光大银行余姚支行、宁波银行余姚支行进行合作，开展客户资金的第三方存管业务。市场和银行分别为每位交易商建立独立的用于记录交易资金变动情况的交易管理账户和银行资金存管明细账户，并一一对应，实现市场和银行系统自动对账，确保交易资金安全。塑料城网上交易市场已与 11 家银行进行合作，进行第三方存管系统的对接，使得客户交易资金更加安全。2014 年 3 月起，网上市场实行"市场管交易，支付机构管结算，银行管资金"的交易资金监管制度。

镇海的液体化工市场是国内首家液体化工中远期交易平台。镇海区在 2007 年专门成立了液体化工产品交易市场管理委员会，在按照"宁波市大宗商品中远期交易市场交易结算资金第三方存管工作会议"的会议精神，在原有资金三方监管机制的基础上，对已有的保证金存管模式进行了提升和创新，建立了"会员二级子账户与总账户资金平衡"监管系统，已经实现"保证金存款账户对账总分平衡"和"会员入金全部由银行确认"以及"会员在线适时查询资金情况和在线出金"等多项资金安全保障功能。目前，已建立健全了以中国银行为主办行，包括七家银行在内的多家银行保证金监管系统。

第二节　宁波大宗商品交易市场金融服务现状和制约

完善的金融服务功能是大宗商品交易市场形成和发展的重要支撑。宁波金融服务大宗商品交易市场优势明显，包括金融规模大、金融服务能力强、金融生态环境好、金融创新试点多，且满足金融服务投向转型，但也存在诸多不足，主要表现为与大宗商品交易相匹配的针对性和专门化金融服务不足。

一、大宗商品交易市场金融服务需求

由于大宗商品价格波动大、交易规模大、交易活跃，且参与者为全球、全国主要的生产商、贸易商，与国际商品市场、资本市场紧密结合，这不但对交易商的商品融资、资金周转、风险规避等提出了较高要求，还对服务于交易的资金结算、支付、保险、监管等一系列金融服务提出了需求。

大宗商品交易市场建设的金融服务需求包括三个层次：一是大宗商品交易综合金融服务；二是大宗商品交易监管服务；三是大宗商品交易风险管理服务。

（一）综合金融服务

随着近年来电子商务的蓬勃发展，目前国内出现了各种大宗商品电子交易市场，为交易会员提供大宗物资的现货、中远期交易平台。每一笔大宗商品交易都需要资金结算与支付、融资、保险等一系列的金融服务。

电子交易市场资金存量规模大，会员对资金结算的便利性及安全性要求不断加强，传统的手工及半手工结算模式很难做到全天候、跨地区的支付结算服务，而且在支付安全上也存在较多问题。因此，快捷、简单的线上支付成为大宗商品交易的迫切需求，如银商转账平台，在为交易市场及会员提供即期、中远期现货交易资金结算便利的基础上，也可以实现对会员交易资金进行托管，确保客户交易结算资金安全高效地管理和运作；网上银行服务模式，实现交易所电子交易系统与结算银行业务系统的对接，买方通过结算银行转账平台的B2B/B2C接口将货款支付到交易平台的结算账户，然后根据交易规则，平台通过银企互联向卖方清算货款或退还资金。同时，由于大宗商品交易规模巨大，且交易活跃，大宗商品交易商或生产企业希望银行能为其提供融资，包括线下融资和在线融资。其中，线下融资服务于采用传统交易方式进行的现货交易；在线融资服务于以电子仓单为交易标的物的交易形式。此外，大宗商品交易商以及相关的金融机构、物流和仓储公司都有强烈的金融保险服务需求。

(二) 监管服务

大宗商品电子市场本身拥有较大的权力，如提前收市、暂停交易、提高保证金比例、取消交易者资格等，需要实施第三方有效监管，以避免因市场主体既当运动员又当裁判员而致的诸多不公平交易事件的发生。监管服务主要包括两方面：一是资金监管服务，即"第三方存管"制度。大宗商品交易市场要与各大商业银行合作，建立全新的交易保证金托管和划转系统，保证交易保证金安全存放和实时进出。二是货物监管服务。大宗商品交易中心除了为交易商提供及时、便利的仓储服务、代理运输服务外，还需要指定交货仓库，并保证交货仓库的业务过程可控；与交货仓库共同保证交易货物的真实性，并有相应的措施保证。

(三) 风险管理服务

大宗商品交易风险包括履约风险、价格波动风险、汇率波动风险等。履约风险又称商业信用风险，指交易对方因资金困难、信用较差、故意诈骗等原因而造成的风险。价格波动风险是指因大宗商品价格波动引起的损失。比较来说，大宗商品价格波动要比一般制成品剧烈，加上大宗商品成交量大，单价的小幅波动就可能带来巨大损失。大宗商品大多以外汇计价，汇率波动也会给交易双方带来风险，包括交易风险、经济风险和会计风险。因此，大宗商品交易需要金融为其提供各种风险管理服务。

二、大宗商品交易市场金融服务现状

宁波已初步建立了结构趋于合理、功能相对完善、竞争力不断增强的金融体系，在长三角南翼和全省基本确立了"金融高地"的地位。比较说来，宁波金融服务大宗商品交易市场具有金融规模大、金融服务能力强、金融生态环境好、金融创新能力强等优势，同时随着实体经济转型升级，宁波金融服务也从大型项目金融转向贸易服务金融。换句话说，宁波大宗商品交易市场建设正好契合了宁波金融业服务投向转型，必将推动宁波金融围绕"六个加快"，大力发展航运金融、物流金融和贸易金融。据报道，工商、农业、中国、建设等国内主要商业银行已与宁波大宗商品交易中心建立长期合作协议，为其提供全方位、高质量的金融服务，具体服务包括资金存管、金融结算、投融资服务等方面。

（一）第三方存管制度保证交易金额的安全

第三方存管是指商品交易市场将客户保证金存放在指定的商业银行，并以每个客户名义单独立户管理，商业银行负责资金存取，发挥第三方监督作用，以保障资金安全为目的资金管理模式。在深入大宗商品中远期交易市场和有关银行调研的基础上，并借鉴证券交易保证金第三方存管成功经验，宁波银监局按照"不改变交易规则，不限制存管银行，客户自主管理账户，系统自动审核，市场不掌控资金出入"的原则，拟定了《宁波市大宗商品中远期交易结算资金第三方存管暂行办法》。光大银行宁波分行、宁波银行等多家银行按照《办法》要求成功开发了资金第三方存管系统，该系统具有账户管理、客户出入金管理、即时短信通知、信息查询、对账及调账、监督核查、密钥交换、系统维护等20余项功能，并与市场交易核心系统实现了实时对接。市场和银行分别为每位交易商建立独立的交易管理账户和银行资金存管明细账户，以用于记录交易资金变动情况，并一一对应，实现市场和银行系统自动对账。银行通过建立资金存管账户总分核对、限制存管账户资金划付功能等机制，杜绝挪用客户资金。

浙江塑料城网上交易市场率先实现与光大银行宁波分行、宁波银行宁波分行系统对接，对交易商交给市场的保证金进行适时监管。市场与银行系统对接，意味着第三方存管系统正式运行，标志着我市率先在大宗商品中远期交易市场的监管中取得突破，这在全国尚属首创。新系统运行后，大大稳定和繁荣了市场。宁波都普特液体化工电子交易中心已与中国银行、农业银行、工商银行、建设银行、宁波银行、深发展银行和兴业银行七家银行签订了合作协议，并正在就相关数据接口进行开发，不久将实现高效、快捷、规范的资金银行监管体系。

（二）　金融结算服务确保交易市场交易的安全便利

大宗商品交易市场的资金结算管理一直是商品交易市场发展一个难点。为破解无支付牌照大宗商品市场交易支付管理难题，人民银行宁波市中心支行借鉴第四方物流市场结算模式，创新性地构建起了银行监管下的交易资金收付制度，以银行暂收账户作为资金转移的中介，充分保障支付的安全。大宗商品交易网上结算模式的推出，为大宗商品网上交易平台资金安全提供了保障，拓宽了大宗商品交易市场的发展空间。

以目前建设中的浙江金属矿产品交易市场、宁波（进口）煤炭交易市场为例，预计每年有 1500 万 ~ 3000 万吨铁矿石、3000 万 ~ 3500 万吨煤炭通过两大市场交易，交易金额分别可达人民币 300 亿元、200 亿元以上。届时银行监管下的交易资金收付，将在资金安全、融资便利、市场信誉、外汇结算等方面凸显优势。

2014 年 3 月，首个大宗商品第三方支付平台——"甬易支付"成功对接国内首家塑料电商平台——浙江塑料城网上交易市场，为宁波大宗商品交易市场提供专业的第三方支付服务，使得支付环节从交易市场中剥离出来，实现"交易市场管交易，支付机构管资金"，从而切实保障信用和资金安全，有效防范风险，为宁波打造大宗商品交易中心提供强有力的支持。

（三）　投融资服务为交易市场提供充足的资本

2011 年 5 月，中国工商银行、中国农业银行、中国银行、国家开发银行，中国人寿保险公司、平安保险及中国国际金融有限公司、中国投资有限责任公司等数十家全国性银行、保险、资产管理机构与浙江省政府签署战略合作协议——各金融机构将在资金保障等方面全力支持浙江发展海洋经济。中国人民银行在《关于金融支持浙江海洋经济发展示范区建设的指导意见》中提出要求金融机构加快金融创新，重点为海洋经济提供投融资金融服务等要求。

就银企合作而言，浙江金属矿产品交易中心与中国银行、浦发银行、华夏银行以及宁波港相关部门和浙大网新等单位就金融服务达成了合作共识，旨在优先为大宗商品交易中心建设提供融资服务。就金融产品创新而言，深圳发展银行宁波余姚分行、宁波银行、工商银行余姚支行等金融机构合作推出了企业"仓单质押"业务，既为塑料城企业解决了仓储问题，也搭建了企业融资新平台；宁波（镇海）大宗生产资料电子交易中心的"通兑宝"系统则是由电子商务公司与中国农业银行总行网银系统无缝衔接的集信息服务、网上洽谈、电子订单与电子签约、物流对接服务、网上信用支付等功能于一体的新型一站式网上交易服务系统，已开展的主要服务包括质押融资、资信担保等。

三、大宗商品交易市场金融服务面临的制约

（一）与大宗商品交易相匹配的针对性和专门化金融服务不足

大宗商品交易涉及的金额巨大，要求提供安全的资金存管、便利的结算服务、多样化的贸易融资、仓储物流等专业服务。但是宁波与大宗商品市场发展相配套针对性、专门性金融服务仍很不完善。例如，宁波金融机构对大宗商品质押融资服务积极性不高，认为存在较大的市场价格风险，融资额度有限、办理手续烦琐。此外，尽管每一笔大宗商品交易都需要资金结算与支付、融资、保险等一系列的综合金融服务。但不同商品属性、不同交易主体、不同交易目的的金融服务需求特征各不相同。就大宗商品属性而言，棉花与黄金的价格波动趋势完全不同，前者更多受市场供求基本面因素的影响，价格波动相

对较小，而黄金更多受货币政策、利率、汇率等金融因素影响，价格波动较大。就不同交易目的而言，自用交易商与投资交易商的价格弹性大为不同，自用交易商因刚性需求对大宗商品价格波动比较不敏感，而投资交易商对大宗商品价格波动极其敏感。上述差异决定其金融需求特征也不相同。而宁波现有的大宗商品交易金融服务，包括结算与支付、融资、保险等大都是批发式的，尚无法提供与各自金融需求特征相匹配的具有针对性和专门化的金融服务。

（二）与大宗商品交易相关的风险管理服务明显不足

大宗商品交易包括履约风险、价格波动风险、汇率波动风险，相关的金融机构需要全方位调查交易商的信用状况，根据大宗商品价格波动情况、主要储备货币以及人民币的汇率变动趋势采取相应的风险管理策略。由于宁波金融机构提供大宗商品交易金融服务经验不多，不但对匹配于大宗商品交易的多种针对性、专门化金融服务关注与开发力度不够，几乎没有提供大宗商品交易风险管理服务的经历和能力。

（三）第三方监管服务规范性不够

第三方监管包括资金监管和货物监管。比较而言，资金监管相对规范，而货物监管尚没有形成标准化监管流程。大宗商品交易的金融信息服务需要不直接参与交易，能够客观、中立地梳理交易参与各方的关系和作用，向各参与方提供全方位透明的、便捷的第三方监管服务的仓储物流管理公司。一般先由银行向物流、仓储公司等第三方监管机构发送第三方监管委托申请，借助第三方监管机构对具体货物品种及数量进行监管；接受委托的第三方监管机构（物流、仓储公司），按银行申请，将跟踪监管数据加盖电子签章及时向银行端及企业端进行数据反馈，便于银行与交易商及时收到并查询第三方监管货物反馈数据。因此，大宗商品交易市场需要集中的、标准化、高效率、有公信力，且具有现代物流监控管理系统的仓储物流公司。而宁波现有的仓储物流公司尚不能胜任完全信任监管任务。以余姚中国塑料城为例，虽然起步早，但是整个市场环境还是零散的商户状态，电子交易市场发挥了一个价格发现的作用，对组织仓单的流通发挥了重要的作用，但是与国际化大型大宗商品物流基地相比，具有公信力的标准仓储设施不多，规模作业有限，小而散的现状突出，产业链的整合力度不强，第三方货物监管服务能力与国际化交易中心和物流中心要求有明显差距。

（四）服务于大宗商品交易的金融机构、金融人才聚集不够

大宗商品交易是一整合仓储、物流、金融、航运服务等而成的新型现代服务业态，需要的不仅仅是将国内的上中下游的供应商、生产商、贸易商、物流商等全方位整合在一起，还需要与世界接轨，整合大宗商品的国际营运商、做市商以及航运、金融、信息、报关等高端中介服务机构，打造具有国际视野的大宗商品现货仓单交易中心、价格形成中心和物流分拨中心。比较说来，宁波尚缺乏一批专门服务于大宗商品交易的金融机构。此外，大宗商品交易专业性很强，需要培养具备金融投资、电子商务、商品学、物流管理等方面知识的专业团队进行操作。目前，宁波尚缺乏这类复合型金融人才。

第三节　金融支持大宗商品交易市场 发展的国际经验

国际大宗商品交易中心，是全球大宗商品贸易往来的枢纽节点，代表着国家或地区参与全球贸易竞争的程度与层次。全球较知名的大宗商品交易中心包括纽约商品交易所、伦敦金属交易所、新加坡商品交易所和东京商品交易所等，均在具有国际定价中心的地位。这些市场定价权的形成并不仅仅因为有交易所，还取决于与期货交易相匹配的完善的现货交易交割功能、金融服务和物流服务功能。

一、主要发达国家大宗商品市场体系基本情况

全球大宗商品交易量主要集中在亚太、北美和欧洲地区，最主要的大宗商品交易市场也集中在上述地区。就一国而言，美国、英国、日本等发达国家都形成了一套具有本国特色的多层次大宗商品市场体系——通常都包括现货市场、OTC 市场和期货市场三个层次。由于各国的每个市场层次都处于不同的发展阶段，在市场分层、监管配套和服务实体经济方面具有不同的特点。

比较而言，美国大宗商品市场在全球最为成熟，其特点是：市场体系完整、层次清晰，分工明确，市场效率高，为其他国家大宗商品市场建设起到了标杆作用。英国形成了高度自由化和多样化的大宗商品市场体系，市场机制成熟、立法高效，能够灵活应对危机并及时做出调整。日本大宗商品市场监管机构较多，各机构间协调机制不畅，存在人为市场分割现象，加之现货基础相对薄弱，市场呈逐步萎缩趋势（见表 7-4）。

表 7-4　主要发达国家大宗商品市场体系

国家	美国	英国	日本
市场体系	现货市场、OTC 市场、期货市场	现货市场、OTC 市场、期货市场	现货市场、OTC 市场、期货市场
监管配套	对相应层次进行有针对性的监管	健全的法律体系和量体裁衣式的监管风格	监管条块分割，管制过严导致市场缩小
服务实体	产品种类丰富，期现货市场有效互动	市场参与者多样化，奠定多个品种的国际定价中心地位	市场参与度小，期现货市场分割，国际地位下降

资料来源：公开资料整理。转引自：中国证监会研究中心，多层次商品市场体系建设。

二、国外主要大宗商品交易市场发展实践

（一）纽约商品交易所

纽约商品交易所是由原纽约商品交易所（The New York Mercantile Exchange，NYMEX）和纽约金属交易所（The Commodity Exchange，Inc，COMEX）于 1994 年合并组成，是全球最具规模的商品交易所。2008 年纽约商品交易所被芝加哥商业交易所集团（CME 集团）以股票加现金的方式实现收购。纽约商品交易所地处纽约曼哈顿金融中心，与纽约证券交易所相邻。

纽约大宗商品交易中心主要交易能源和稀有金属两大类产品，是全球最大的能源交易所，能源产品交易量占交易所总交易量的 86%，是国际原油价格的定价中心。交易所主要采用期货和期权两种交易方式。根据纽约商品交易所的界定，它的期货交易分为 NYMEX 及 COMEX 两大分部。其中，NYMEX 负责能源、铂金及钯金交易，通过公开竞价进行交易的期货和期权合约包括原油、汽油、燃油、天然气、电力等。合约通过芝加哥商业交易所的 GLOBEX 电子贸易系统进行交易，通过纽约商业期货交易所的票据交换所清算。其余的金属（包括黄金）归 COMEX 负责，有金、银、铜、铝等期货和期权合约。COMEX 的黄金期货交易市场为全球最大，它的黄金交易可以主导全球金价的走向，买卖以期货及期权为主，实物交收占比很低。

（二）伦敦金属交易所

伦敦金属交易所（LME-London Metal Exchange，LME）是世界上最大的有色金属交易所，成立于 1876 年，交易品种有铜、铝、铅、锌、镍和铝合金，其价格和库存对世界范围的有色金属生产和销售有着重要的影响。据报道，全球铜生产量的 70% 按照伦敦金属交易所公布的正式牌价为基准进行贸易，全球 90% 铜期货合约、全球 80% 的工业金属交易是在该交易所交易的，是国际有色金属交易的定价

中心。

伦敦金属交易所采取公开叫价交易（Open Outcry Trading）、办公室间电话交易（Inter‐office Trading）和电子盘交易（LME Select Trading）三种交易方式。

（三）东京工业品交易所

东京工业品交易所（The Tokyo Commodity Exchange，TOCOM），又称东京商品交易所，成立于 1984 年 11 月，由东京纺织品交易所（成立于 1951 年）、东京橡胶交易所（成立于 1952 年）和东京黄金交易所（成立于 1982 年）三家交易所合并而成，是世界上最大的铂金和橡胶交易所。

东京工业品交易所主要进行期货交易，并负责管理在日本进行的所有商品的期货及期权交易。该所经营的期货合约的范围很广，是世界上为数不多的交易多种贵金属的期货交易所。交易所对棉纱、毛线和橡胶等商品采用集体拍板定价制进行交易，对贵金属则采用电脑系统进行交易。该所以贵金属交易为中心，近年来，石油、汽油、气石油等能源类商品交易也得到了较好的发展。

（四）新加坡商品交易所

新加坡商品交易所（Singapore Commodity Exchange Limited，SI-COM）是新加坡交易所（SGX）的子公司，其前身为新加坡树胶总会土产交易所，是东南亚地区最大的天然胶期货交易场所，主要提供商品期货交易。新加坡虽然不是橡胶生产与消费的主要国家，但是由于其地理位置处于世界离岸经济中转枢纽，天然橡胶贸易量处于世界前列，在新加坡商品交易所上市的橡胶期货合约成为全球定价的重要参考，年成交量达到 200 万吨，实际交割 2 万吨，吸引了包括轮胎生产大国——中国、印度和消费大国——欧美等地区国家的参与。

新加坡政府积极吸引全球大宗商品贸易商在新加坡建立其全球或亚洲基地，已成为全球燃料油的定价中心，在矿产品和农产品等大宗商品交易领域的国际地位也不断提升。据新加坡政府估计，全球最大的几家交易公司 2011 年在新加坡的销售总额高达 1 万亿美元，同比几乎翻了一番。而新加坡直接从事大宗商品交易的工作人员 2011 年已经达到了 1.2 万人，比 2010 年增加了 17%，而 5 年来增长的幅度更是高达 40%。[①]

三、金融促进大宗商品市场发展的经验

在全球化时代背景下，有形商品交易越来越紧密地与金融运作交织在一起，谁拥有足够的金融资源与金融交易游戏规则，谁就在很大程度上掌握了大宗商品定价权。综观上述四大大宗商品交易中心——伦敦、纽约、日本和新加坡，无一不是国际金融中心。归纳说来，金融促进大宗商品市场发展的成功做法主要包括以下三个方面：

一是金融综合服务能力强。美国、英国、日本和新加坡等国家，都具有发达、成熟的金融市场，融资、结算、风险管理等综合金融服务能力强，外汇管制少，能吸引一大批海外资金到交易所设点经营业务。就针对大宗商品的金融衍生服务而言，国外金融机构能够为客户提供从采购付款、海上运输的贸易融资再到保税区的仓储融资一条龙的服务。在整个供应链上，95% 的流程由银行负责解决，极大地加快了企业运营资金周转，而这对于大宗商品贸易商来说是至关重要的。

二是匹配地开展金融创新。根据大宗商品所具有的商品和金融属性，利用最新互联网等技术革命，在推出大宗商品交易品种、设计新型交易产品合约、优化交易结算系统等方面，匹配地开展金融创新。如各交易所利用发达的金融市场，推进场外衍生品场内化，以加速产品创新。芝加哥商品交易所通过金融创新，从一个以农产品为主要交易品种的商品交易所一跃而成为全球第一大综合性商品交易所。20世纪 80 年代以来，新加坡放宽了对外资持有银行股份的限制，大量

外资金融机构争相进入，各类金融工具在新加坡金融市场不断创新并得到广泛使用；货币市场、证券市场、外汇市场、离岸金融市场和金融衍生产品交易市场等金融市场迅速发展，新加坡迅速成为亚太地区的国际金融中心。为适应大宗商品指数化金融化趋势，新加坡、伦敦、芝加哥、美国洲际四家交易所为铁矿石掉期提供结算服务。

三是有效地开展市场推广。商品交易所与金融机构合作，投入大量的财力与人力资源，实施适合本国国情的市场推广策略；积极响应机构投资者的业务需求，采用多种激励形式吸引投资者参与并采取灵活、优惠的结算方式；建立多层次的投资者教育体系，并积极寻求高端人才作为支撑。

第四节　金融支持宁波大宗商品交易市场创新思路和建议

国外大宗商品交易市场发展经验表明，匹配的综合金融服务方案是不可或缺的支撑要素。尽管与发达国家大宗商品交易市场相比，目前我国大宗商品市场仍有较大差距，以致金融服务模式和创新水平也受到一定的限制。但宁波金融在支持大宗商品交易市场发展方面仍可有所作为。

一、金融支持大宗商品交易市场发展的创新思路

金融支持大宗商品交易市场发展的创新思路围绕着大宗商品交易市场建设的金融服务需求展开，具体包括三个层次：一是大宗商品交易综合金融服务创新；二是大宗商品交易监管服务创新；三是大宗商品交易风险管理服务创新。

（一）大宗商品交易综合金融服务创新思路

大宗商品交易综合金融服务涵盖资金结算与支付、融资、保险等

内容。这里主要探讨融资创新，包括融资主体创新和融资模式创新。

1. 融资主体创新

一是通过引进、培育一批大宗商品的国际营运商、贸易商、做市商以及航运、金融、信息、报关、会计、结算等高端服务机构，打造具有国际视野的大宗商品交易投融资平台；二是引进培育为企业提供订单、仓单融资支持以及为大宗商品交易提供第三方监管的物流仓储管理公司。

2. 融资模式创新

一是创新平台合作融资模式；二是创新大宗商品贸易融资模式。

创新合作融资模式。大宗商品交易所融交易、金融、航运、口岸、信息等公共服务功能于一体，旨在增强宁波港口综合物流功能。为此，需要创新与大宗商品交易所定位相匹配的合作融资模式（见图7-1）。

合作融资重点包括两方面：

一是依托已成立的宁波大宗商品交易所推进工作领导小组、宁波大宗商品交易所有限公司①，充分整合政府、市场以及信贷、担保等各方资源，积极探索搭建市场化运作、风险共担的融资合作机制，依托其下设的各类大宗商品交易分公司，为大宗商品交易所的客户提供信用贷款、保证金贷款、仓单质押、保理、票据贴现、隔夜拆借、信用证等金融配套服务；平台可以向银行争取较大的授信额度，直接向有需求的客户提供贷款融资服务；平台还可以为客户提供贷款担保。

二是基于物流仓储管理公司对大宗商品交易订单、仓单等一系列证明或已确认交易的真实信息，为参与大宗商品交易的各方企业提供订单、仓单融资服务、供应链金融和担保服务。

---

① 宁波大宗商品交易所有限公司经宁波市人民政府批准于2011年8月29日成立，是由宁波开发投资集团有限公司、宁波国际贸易投资发展有限公司、宁波港集团有限公司联合投资设立，注册资金2亿元。宁波大宗商品交易所实行市场化运作，以大宗商品现货贸易为主，致力于打造华东地区高端现货交易平台。

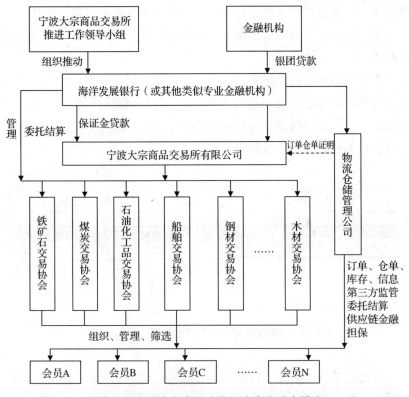

图7-1　宁波大宗商品交易平台合作融资模式

　　创新大宗商品贸易融资模式。大宗商品贸易融资是指银行为大宗商品贸易商或生产企业提供个性化的组合贸易融资方案。银行在为大宗商品交易方提供贸易融资时要以货物或货权为核心，重点关注商品和贸易流程。也就是说，银行一方面要熟练掌握商品属性、市场行情以及交易规则；另一方面要与大宗商品交易所、仓储、物流、保险等机构紧密合作，及时控制大宗商品贸易融资风险。具体融资方案包括仓单质押和订单质押贷款、供应链金融、担保贷款、保理等。

　　仓单融资服务指企业将货物放入指定地点，获取仓单，经过相关评估机构对货物进行评估，企业根据评估结果向银行提出仓单质押融资需求。订单融资服务指企业凭信用良好的买方产品订单，在技术成熟、生产能力有保障并能提供有效担保的条件下，向银行申请订单融资服务。

大宗商品供应链金融是银行站在供应链全局的高度，将大宗商品交易过程中的核心企业（大型交易商、仓储、物流公司）和上下游企业联系在一起提供灵活运用的金融产品和服务。图 7-2 是以物流仓储企业为核心的供应链融资。

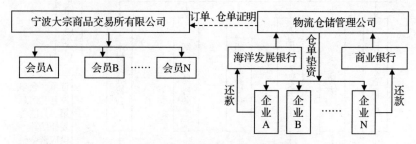

图 7-2　以物流仓储企业为核心的供应链融资方式

开展电子仓单质押、订单质押的主要"瓶颈"在于担保。担保贷款指由借款人或第三方依法提供担保而发放大宗商品交易贷款，包括保证贷款、抵押贷款、质押贷款等。如大宗商品交易行业协会通过为会员提供会员认证、交易咨询、招商推介等功能，已获得了交易商的有关信息，便于为交易商提供融资担保。

保理，又称"应收账款承购业务"，是指卖方、供应商或出口商将其现在或将来的基于其与买方（债务人）订立的货物销售或服务合同所产生的应收账款转让给保理公司，保理公司在账款收到前对账款进行一系列的催理工作，包括账务信用调研、账务记载、账款归收、信用风险控制与坏账担保信等。保理业务有利于大宗商品卖方融通资金，转嫁信贷风险，改善负债状况；对大宗商品买方的作用在于以商业信用形式购买商品，无须支付现款，无须开立信用证和交押金，减少资金占用。

（二）大宗商品交易监管服务创新思路

大宗商品交易监管服务创新主要包括资金存托监管和货物监管。

1. 资金存托监管

资金存托监管旨在保证交易保证金安全存放和实时进出。这方面已有经验积累，宁波银监局按照"不改变交易规则，不限制存管银行，客户自主管理账户，系统自动审核，市场不掌控资金出入"的原则，拟定了《宁波市大宗商品中远期交易结算资金第三方存管暂行办法》。各家银行按照《办法》要求成功开发了资金第三方存管系统，并与市场交易核心系统实现了实时对接。需要进一步创新的重点在于为客户创新现金管理，即银行融合结算与融资服务，利用现有金融服务平台帮助客户做好账户归集，包括信息查询、短期透支、理财等金融服务。

2. 货物监管

大宗商品交易市场需要集中的、标准化、高效率、有公信力，且具有现代物流监控管理系统的仓储物流公司提供货物监管。为此，宁波需开展三方面创新：一是尝试与国外知名商品交易所建立战略联盟，争取国内各大商品（期货）交易所在宁波设立当地优势品种的商品期货交割仓库，引进、培育能为大宗商品交易提供第三方监管的物流仓储管理公司。二是组织物流公司实行名单制管理，即制定行业内物流客户分类标准，逐一确定行业内物流客户分类的类别，并对不同类别客户实行差异化管理。三是引进物流管理新理念，强化流程化管理。

（三）大宗商品交易风险管理创新思路

针对大宗商品交易过程中的履约风险、价格波动风险、汇率波动风险等，需要创新相应的管理策略。

创新金融产品应对交易履约风险。银行作为电子商务的结算服务方已有较长历史，但在大宗商品交易最急需的信用支付领域却没有太多经验。已推出的产品虽在功能上可以满足大部分业务需求，但应严格区分客户业务模式性质，审查客户业务资质和第三方合作伙伴的业务关系，针对不同业务范围创新金融产品，分解业务，提供专属金融服务。如大宗商品买卖交易中，直接货款结算即为普通现货交易，银行可提供以信用支付为核心的第三方资金监管功能，帮助交易所实现信息流、资金流的监管分离。对于采用委托市场结算货款的买卖交易，由于存在交易中心利用集中管理的保证金主动发起强行平仓的业务需求，所以标准化的银商通系统更适合这种场景。对于因买入资金不足引发的基于卖方货物的质押融资需求，银行需要在传统货物质押基础上增加适合线上发起并具有进行质押状态下所有权转换机制的新型供应链融资产品。围绕交货仓库的商品验收、货物保管和物流配送等业务内容，银行还可以通过结合 B2B、B2C 等网上结算手段，实现物流服务的电子化受理，使大宗商品交易的外围服务随核心业务一起适应电子商务发展趋势。此外，银行还可为客户开展集贸易融资、商业资信调查、应收账款管理及信用风险担保于一体的保理业务。

利用金融衍生工具应对价格风险。大宗商品交易中的价格风险包括商品价格风险和汇率风险。最常用的避险策略就是利用期货、期权等金融衍生工具进行套期保值①，旨在转移风险和追求稳定。

二、金融促进大宗商品交易市场发展的对策建议

大宗商品交易市场的繁荣和发展，需要现代金融功能的支撑。国外针对大宗商品的金融衍生服务非常发达，金融机构能够为客户提供采购付款、海上运输贸易融资、仓储融资一条龙服务。基于宁波大宗商品市场以及金融服务起点较低的现状，建议采取以下举措：

---

① 所谓套期保值，是指买入（卖出）与现货市场数量相当，但交易方向相反的期货合约，以期在未来某一时间，通过卖出（买入）期货合约补偿现货市场价格变动带来的实际价格风险。利用套期保值提前锁定未来买入或卖出价格。

（一）向国家争取将宁波作为中远期市场交易规范化运行试点

为引导地方大宗商品交易所健康、有序发展，国家正在考虑参照发展多层次资本市场的模式，发展若干个符合区域定位的远期市场，以整合区域内不同规模、不同管理水平、不同经营模式的地方交易所，从而促进整个区域的场外衍生品市场的发展。为此，宁波作为地方大宗商品交易所和浙江省海洋经济建设核心示范区，应该积极向上争取政策，争取将宁波作为我国中远期市场交易规范化运行试点省份，立足规范交易体系、风险体系和结算体系建设，鼓励大宗商品交易市场在交易品种、交易规格、交易方式、合约品种、风险管理等多方面开展创新，探索确立全国大宗商品中远期交易市场的交易规划标准、交易模式标准、结算模式标准以及资金存管系统标准，努力建设成为地方大宗商品交易市场的全国标杆。

（二）引进与大宗商品交易市场发展相关的金融服务机构

随着国际金融市场一体化的趋势，我国大宗商品市场既面临着对外开放的竞争压力，同样也面临着引进境外投资、提升国际地位的良好机遇。为促进金融更好地支持大宗商品交易市场的发展，可主要考虑以下两方面的"引进"：

一是通过紧密型、松散型等形式引进与大宗商品交易市场发展相关的金融服务机构和中介服务机构，包括银行、保险、信息、报关以及物流公司等，以期带来更多的资金、信息和技术和更为领先的服务理念，不断创新金融服务模式，提高金融服务水平。

二是与国外知名外资银行、大宗商品基金建立战略合作联盟，借助他们在国际大宗商品市场的运营经验和信息通道，帮助宁波企业更快融入全球大宗商品国际贸易，争取国内各大商品（期货）交易所在宁波设立当地优势品种的商品期货交割仓库，打造具有国际视野的大宗商品现货仓单交易中心、价格形成中心和物流分拨中心。

（三）鼓励创新金融服务

一是鼓励商业银行为大宗商品交易市场建设开发一体化金融服务，包括银商转账资金结算服务；开辟电子仓单质押、订单质押等在线融资产品和信息交互渠道；强化第三方资金、货物监管服务，建议政府支持宁波大宗商品交易所设立物流中心、分拨中心和仓储基地。

二是鼓励政策性银行依托地方商业银行等中小金融机构和担保机构，为大宗商品交易商提供政策性融资服务，如转贷款、担保贷款。

三是鼓励保险机构创新发展陆海联运货物保险、仓储保险，做大交易资金贷款保证保险业务，发挥保单管理和赔偿管理两个基本功能。

四是强化金融监管创新，如创新保税区、出口加工区等特殊区域的外汇管理制度等。

（四）建立大宗商品交易金融服务战略合作机制

大宗商品交易金融服务战略合作机制主要包括两方面：

一是加强大宗商品交易各环节协调与合作。大宗商品交易市场集物资流、资金流和信息流于一体，需加强港口、海关、商检、仓储、海运、陆运等相关企业与金融机构的沟通协调。

二是加强区域金融合作，包括境内和境外区域合作。境内区域合作旨在加强区域之间不同金融机构的合作，建立跨区域授信网络体系；境外合作旨在了解不同国家的综合金融服务模式、金融监管要求和风险管理策略，增进区域之间金融产品与服务模式互通。

第八章 宁波海洋金融风险分析与防范

　　作为海洋金融的主要服务对象，临港工业、航运物流以及海洋资源的深层次开发等，相比传统产业而言内部风险特征更为明显，对于资源配置的要求也更高。因此对海洋金融的风险进行识别，研究有效的风险规避策略，探求相应的海洋金融支持政策，对提高金融市场的运作效率，促进海洋经济以及整个国民经济的发展具有重要意义。本章主要对海洋金融风险的种类特征、现状、形成机制、度量方法进行分析，并提出防范和化解海洋金融风险的政策建议。

第一节 海洋金融风险种类与特征

一、相关概念界定

　　风险被认为是损失发生的可能性，是一种损失或获益的机会，其由来与海洋有着密切的关系。普遍的说法是，在远古时期，以打鱼为生的渔民们每次在出海之前，都要向神灵祈祷这一路能风平浪静，满载而归。在渔民们的心目中，海上的"风"即意味着"险"，因为他们在长期的捕捞过程中深刻地体会到了"风"给他们带来的无法预测的风险，因此"风险"一词便被用来指事物的不确定性，广泛用于生活中的各个领域。

　　金融风险是指与金融有关的风险，一般认为，金融风险是指在资金融通过程中，由于各种不确定性因素的影响，使投融资活动参与者的资金、财产、信誉遭受损失的可能性。在金融领域，由于资产价格的不正常波动或大量金融机构的资产负债恶化，会使得金融活动的参与者在风险冲击下极为脆弱并可能严重影响到宏观经济的运行，导致全社会经济秩序的混乱，甚至引发严重的政治危机。

作为风险特殊表现形式的海洋金融风险，指金融机构在为涉海产业提供资金筹集、融通、清算等金融服务过程中，由于决策失误、客观环境变化或其他原因，导致其资产、收益、信誉遭受损失的可能性。作为海洋金融的主要服务对象，航运物流、临港工业以及海洋资源的深层次开发，相比传统产业而言，内部风险特征更为明显，对于资源配置的要求也更高，具有明显的风险特征。因此对海洋金融的风险进行识别，研究有效的风险规避策略，探求相应的海洋金融支持政策对提高金融市场的运作效率，促进海洋经济以及整个国民经济的发展具有重要意义。

二、海洋金融风险类型与来源

(一) 风险类型

按照巴塞尔协议的相关标准，我们可以将海洋金融风险分为海洋金融系统风险与海洋金融非系统风险两类。

系统风险是指由于某种全局性或系统性因素引起的市场中所有资产收益的可能变动。这种风险不可以通过投资组合加以分散，所以又称为不变风险。海洋金融的系统风险主要包括市场风险、利率风险、汇率风险、通货膨胀风险等。

其中，市场风险是指由于市场价格变动所引起的海洋金融风险，如临海工程项目投产后受到市场价格不利变动的影响，无法达到工程建设的投资目标；利率风险是指因利率变动，导致涉海付息资产承担价值波动的风险；汇率风险是指由于未预见到的汇率变化所导致的涉海产业资产收益发生变化的风险；通货膨胀风险是指由于通货膨胀使得涉海产业投资者的购买力下降而引起的投资风险。

非系统性风险是指针对某个行业或公司产生影响的风险，又称可变风险。非系统性海洋金融风险主要是指为海洋产业提供金融服务的单个金融企业承担的风险。主要包括行业风险、操作风险、信用风险等。

其中，行业风险是指影响某个涉海产业资产价格变动的风险因素。海洋产业由于其涉及种类多，开发难度大、技术要求高，以及所依存的海洋环境相对恶劣，使得其具有较高的内在风险特征。如海洋高技术产业，具有高风险、高投入和回收周期长等风险特征；海洋运输业受海洋环境和海上灾害的影响极大，具有突发性和高损失等特点。涉海产业独特的内在风险特征与传统金融安排无法匹配，因此构建适应海洋产业发展特点的金融创新体制，大力发展海洋金融，多手段规避海洋金融风险，对促进国民经济可持续发展意义重大。

操作风险是指金融机构在日常经营中由于操作流程不健全，人为失误、同业竞争、欺诈等导致其蒙受损失的可能性。海洋金融操作风险包括涉海产业贷款业务操作流程不健全、业务操作失误、抵押物管理不当带来的风险。

信用风险也称违约风险，是指由于涉海企业履约能力下降，无力偿还或无意愿偿还借款，导致本息无法按时收回或无法收回给金融机构带来损失的可能性。信用风险的发生可能是由于金融机构对借款人资信评估失误造成的，也可能是由于借款发生后涉海企业经营情况的不利变化造成的。

（二）风险来源

海洋金融风险的来源（构成要素）主要包括客观风险因素和主观风险因素。

客观风险因素指由自然力量或物质条件变化所导致的风险损失，包括自然环境、地理位置、涉海企业的组织管理模式、政策变化、宏观经济的变化等。

主观风险因素是指由于涉海融资活动的参与者由于心理、行为等主观条件构成的风险因素，如道德因素和心理因素等。

三、海洋金融风险特征

海洋金融风险作为金融风险的一种特殊形式，既有金融风险的一般特征，又有不同于其他金融风险的特性，具体来说，海洋金融风险具有以下几个特征：

（1）复杂性。海洋产业涉及的种类多，依托于多变的海洋环境，因此存在复杂的内在风险性，此外，外围市场也存在诸多的不确定性因素，更加剧了海洋金融的风险复杂性。海洋金融的复杂性带来高风险，与银行信贷追求稳定收益的目标相矛盾，从而限制了商业银行支持涉海产业发展的积极性。

（2）隐蔽性。目前，我国海洋开发的规模有限，涉海产业总体规模小、发展慢、布局分散。金融机构缺乏对相关海洋产业的了解，与涉海产业融资者之间存在极大程度的信息不对称，因此无法有效约束融资者的贷款使用行为或无法实施对贷款者的有效监控，由此导致了海洋金融风险的隐蔽性特征。而这一特征反过来也限制了金融机构支持涉海产业发展的力度。

（3）周期性。涉海产业的发展与经济周期有着密切的联系。海洋经济中的海洋运输业、临港工业、滨海旅游业和海洋渔业具有明显的周期性特征，如海洋运输业和临港工业受经济周期的影响，对资金需求也具有周期性；滨海旅游业和海洋渔业有淡季和旺季之分，集中投入高、资金流量大、回笼周期短、季节性非常明显。与之对应，在经济繁荣期，货币政策较为宽松，金融体系流动性充足，海洋金融体系中的不稳定因素逐渐减弱，金融风险较小；反之，金融与经济体系之间的矛盾加剧，流动性紧张，不稳定性因素增多，金融风险增加。因此，海洋金融风险存在明显的周期性特征。

（4）可控性。任何经济活动都存在风险，海洋金融业务活动也不例外。尽管海洋金融风险的存在是不以人的意志为转移的，但它是可控的。金融机构可以通过风险识别方法，辨析所暴露的风险属于何种形态，可以到达什么样的程度，然后通过避险机制分散风险（如进行有效的投资组合，或者设计相应的避险金融工具），将风险控制在可以接受的范围内。此外，监管部门的有力监管也是防范和控制海洋金融风险的有力保障。

（5）长期性、外向性。海洋产业投资期限普遍较长，其中的付息资产面临利率波动的风险较大，此外，涉海企业多为涉外企业，在产品进出口过程中需承担较多的汇率风险。据统计，在我国的造船业中，船舶出口业务占比70%以上，因此汇率每升高1个百分点，造船业将损失21亿元人民币。在汇率单边波动的背景下，汇率风险将会在很大程度上制约金融对涉海产业的投入，针对这一特征的风险规避手段如果缺失，则会给涉海企业造成重大的损失。

四、海洋金融风险理论依据

（一）金融不稳定性理论

美国经济学家海曼·明斯基依据资本主义繁荣与紧缩的长波理论提出了"金融不稳定性假说"。他认为，金融活动参与者的内在属性造成了经济的周期性波动，国民经济的不稳定性集中体现在金融的不稳定性方面：金融中介的危机将传递到经济的各个组成部分，造成国民经济的不稳定性。根据金融不稳定性假设，经济主体可以分为抵补型、投机型和庞氏型三类。抵补型经济主体按照未来的现金流情况进行融资活动，确保每个时期都能够以收入偿还债务。这类经济主体对现金流未预见到的变化具有较强的抗冲击能力，是最谨慎也最安全的企业融资类型。投机型经济主体具有一定的冒险意识，认为虽然短期的现金流不足以偿还债务，但是预计在长期能够获得足够的现金来偿还本息，因此依靠债务滚动来维持，具有一定的投机性质，抵抗冲击能力较弱。庞氏型经济主体又称高风险经济主体，由于投资项目期限长，资金量大，一段时期内不能依靠经营所得偿还借款，只能依靠变卖资产或者债务滚动来偿还到期债务。这类经济主体对现金流的变化敏感，不具备抗击冲击的能力。由此看来，在国民经济的发展过程中，如果抵补型融资行为居于主导地位，则经济行为趋于均衡；若投机型和庞氏型融资行为的比重较大，将导致经济系统处于脆弱的状态。而经过较长时间的繁荣状态之后，融资方式发生转变，易导致金融危机的发生。金融不稳定假说指出金融风险和金融危机是客观存在的，随着国民经济的周期发展而变化。

总体来看，涉海产业多为资本密集和技术密集型产业，需要资金量大，生产周期长，且极易受到海上自然灾害的影响。此外，涉海产业还与经济周期存在密切的联系。在经济周期的上升期，涉海产业具有稳定的行业发展背景，因此投资者对投资行为持乐观态度，大量资金将会追逐涉海高新技术产业、航运业及相关产业以获得较高的收益。然而一旦宏观经济出现萧条，或者由于海上的突发灾害事故的影响，融资更为困难，产业资金流动性降低，涉海投资将面临较大的风险。

（二）金融资产价格波动理论

20 世纪 70 年代以来，随着"布雷顿森林体系"的解体和金融自由化的推进，各国的金融资产价格波动日益剧烈，一些国家和地区相继爆发了金融危机。在金融市场中，股票、汇率、期权等金融资产价格的波动是金融风险的显著标志，因此金融资产价格的显著波动被认为是金融风险的外在表现之一。在对金融稳定的研究中，普遍认为金融稳定包括关键金融机构和市场的稳定，资产价格（包括实际资产价格和金融资产价格）的相对变化不会影响货币稳定和就业水平。同时，资产价格波动还通过一些影响金融稳定的因素（如银行信贷、宏观经济运行和货币政策）间接地对金融稳定产生作用。在经济繁荣时期，资产价格上涨、银行信贷扩张推动投资增长，加快经济增长速度，形成一种正向反馈机制；在经济萧条时期，资产价格下跌，银行信贷收缩，投资下降，经济增长放缓，构成导致金融不稳定的外部环境。

多恩布什（1997）的汇率超调理论指出，由于资本市场和商品市场价格调整速度不一致，因此价格超调是一切金融资产具有的特征。如在当前的国际金融体系下汇率波动和错位不可避免，金融风险和金融危机也在所难免。博弈论专家科瑞普斯（1987）认为，股票市场就是利用价格不稳定进行的投机，存在周期性的崩溃风险：如果投资者对市场预期乐观，将促使股价上升直至不合理后市场崩溃；而如果投资者预期悲观，则恐慌性的抛售也足以阻碍股市的正常运转。

对于海洋金融来说，金融资产价格也具有内在波动性的特征。海洋金融市场存在较为明显的"乐队车"效应，当经济繁荣推动海洋金融资产价格上涨时，投资人纷纷涌向价格的"乐队车"，使资产价格上升更快，乃至基础经济无法支撑的水平，最终市场预期逆转，价格崩溃。

下面以港口资产支持证券为例来说明导致金融资产价格波动的影响因素。港口资产证券化是指为了满足港口建设对资金的大量需求，引入资产证券化以帮助企业迅速回笼资金，降低融资成本。在港口资产证券化的过程中，港口资产支持证券的价格不可避免地受到一些外部因素的影响，呈现波动性的特征。这些外部因素主要包括工程建设风险、营运风险、利率风险和汇率风险等。工程建设风险是指由于港口建设的投资大，工程周期长，会产生诸多不确定性因素，由此发生建设风险。建设风险将影响预期现金流的稳定性和可预测性，导致港口资产支持证券价格产生波动。营运风险是指由于经营者经营不善造成预期收益的损失，也将对资产价格产生较大的影响。货币市场的供求状况将引起利率的变动，利率上升则港口资产支持证券的预期收益率降低，对投资者的吸引力下降；利率下降则可能引发提前偿付行为的发生，导致现金流不稳定。港口项目公司多为涉外企业，港口资产证券化的现金流可能部分或全部来自国外，因此港口资产支持证券的价格面临汇率风险的影响。尤其是近年来人民币走势强劲，港口资产支持证券的发行过程中会面临较大的汇率风险。

（三）微观信息经济学理论

微观信息经济学是非对称信息博弈论在经济学方面的应用，主要研究社会经济中信息的成本和价格，修正传统市场模型中信息完全和确定的假定，重点考察运用信息提高市场效率运作的机制问题。通过微观信息经济学，有助于加深对金融风险的认识。总体来看，信息经济学研究的是非对称信息对决策各方行为发生影响。按照不对称信息发生的时间，事前不对称信息引起逆向选择的问题，事后不对称信息带来道德风险问题，这两个方面的问题会降低市场机制的运行效率、不利于资本的有效配置，从而导致金融风险的产生。

在间接融资的资本市场上，涉海企业的经营活动不同，涉及风险程度不一，银行无法确定项目的投资风险，因此只能够依据企业平均风险状况来确定贷款利率，由此造成了贷款企业的逆向选择：低风险企业收益率较低，由于贷款利率高于收益率水平而退出借贷市场；高风险企业愿意支付更高的收益率，成为信贷市场的主要客户，从而造成银行平均风险过高，呆账坏账增多，导致银行收益率降低，增加了金融风险。

道德风险普遍存在于以信用为基础的金融业务关系中，是造成金融风险的一个重要原因。从事经济活动的主体可能拥有独家的信息，阿罗（1985）将这类信息优势划分为"隐蔽行动"和"隐蔽信息"，前者指经济主体的行为不能被其他人准确观察或者预测到，后者指经济主体的行为可以被他人不付代价地观察到，但是不能够获得全面的信息，因此仍然不能作出判断。在信息不对称的情况下，市场交易的一方缺乏对另一方的有效监管，则拥有信息优势的一方在最大限度增加自身效应的同时会产生损害另一方利益的行为。由于涉海企业经营风险复杂多变，涉海企业在签订资金使用合同后，可能由于经营环境的改变而另行寻求投机机会，隐藏贷款资金的真实使用信息，忽略控制资金风险的措施，从而提高了金融风险发生的可能性。

由于相关主体信息沟通渠道不畅所产生的信息不对称，是造成海洋金融风险的一个重要原因。为了有效控制这类风险，需要在政府的主导下，将金融机构与政府、监管部门结合起来，建立海洋经济信息交流平台，加强相关主体、涉海重点项目的信息沟通和资源共享，通过联合举办各类银企洽谈会、融资推进会等促进金融机构与企业、项目的信息对接。海洋信息发布机制的建立也将有效地克服信息不对称所带来的逆向选择和道德风险。

第二节　宁波海洋金融风险分析

一、宁波海洋经济与金融支持

（一）宁波海洋经济概况

2011 年 3 月，国务院批复《浙江海洋经济发展示范区规划》，将浙江海洋经济发展示范区建设上升为国家战略，宁波位于示范区的核心地带，具有丰富的海洋资源，扎实的经济基础。宁波地域优势突出，位于长江黄金水道入海口，是长三角地区与海峡西岸经济区的连接纽带。宁波港口可用岸线 872 公里，深水岸线 170 公里，北仑港区可进出 30 万吨级船舶；生产性泊位 300 多座，已与世界各地 600 多个港口通航。货物吞吐量与集装箱吞吐量均位于世界前列。宁波岛屿面积 524 平方公里，500 平方米以上的岛屿 516 个，可围滩涂资源 140 万亩，占浙江省滩涂总面积的 34%。象山港渔业资源和海洋旅游资源优越，春晓油气田探明天然气储量 700 多亿立方公尺，具有丰富的油气资源，开发潜力巨大。但总体看来，宁波现有的海洋经济主体依然是资源依赖型产业，如传统的海洋渔业、滨海旅游与船舶制造业，与发达地区相比，海洋产业总产值的绝对数及其在 GDP 中所占的比重还存在很大差距。

宁波市海洋经济发展规划是以港航服务业、临港先进制造业、海洋新兴产业和海岛资源开发为重点，着力构建以宁波—舟山港港区及其依托的海域和城市作为核心区，加快"三位一体"港航物流服务体系建设，规划建设大宗商品交易平台，大力发展海洋高技术产业和新兴产业，加强金融和信息支撑，完善海陆联动集疏运网络。根据《宁波海洋经济发展规划》和宁波市"十二五"发展规划，宁波发展海洋经济的具体目标是：到 2015 年，海洋生产总值突破 2500 亿元，港口货物吞吐量达到 5.5 亿吨，集装箱吞吐量达到 2000 万标箱，大宗商品市场交易额突破 4000 亿元，海洋新兴产业增加值比重提高到30% 以上；到 2020 年，全面建成海洋经济强市和浙江海洋经济发展示范区的核心区。

（二）金融服务宁波海洋经济

金融通过合理聚集、配置金融资源，有效利用金融杠杆，对接海洋经济发展的内在需求，成为海洋经济可持续发展的重要依托。宁波在构建"三位一体"港航物流体系的过程中，就将金融系统的支持作为其中的一个重要组成部分。如大宗商品交易平台的搭建需要交割清算、资金存管、质押融资等金融服务，航运和物流服务业也离不开金融的支持。除此以外，海洋新兴产业、海洋服务业、海洋渔业和临港先进制造业的发展同样需要金融业的保驾护航。

海洋经济的发展离不开金融的支持，金融对海洋经济的拉动是通过提供金融产品和服务，满足海洋产业的资金需求，促进涉海企业投资，拉动消费，推动进出口贸易，从而对国民经济增长具有正向效应。根据中国人民银行宁波中心支行的资料，截至 2011 年上半年，全市金融机构直接对海洋经济相关领域的信贷投入余额合计 580.3 亿元，当年累计发放贷款 301.1 亿元。宁波市"十二五"重大建设项目规划涉及临港先进制造业、港航服务业、海洋新兴产业和海岛资源开发四个领域的项目共 194 个，计划投资 3344 亿元。包括临港先进制造业项目 46 个，计划投资 874 亿元；港航服务业项目 61 个，计划投资 1340 亿元；海洋新兴产业项目 10 个，计划投资 72 亿元；海岛资源开发项目 77 个，计划投资 1058 亿元。

在金融产品和服务的提供上，由于涉海产业大多存在资本高度密集、成本回收周期长，资金需求量大，风险因素复杂等特点，因此传统的信贷融资模式难以充分满足其资金需求。为此，宁波金融机构积极开拓直接融资渠道，涌现出若干新型的海洋金融产品，为涉海企业提供多样化和具有针对性的融资解决方案。如宁波港集团和杭州湾大桥分别通过使用国有银行推出的短期融资券项目达到融资目的；中基船业使用光大银行宁波分行的售后回租业务进行融资；建行宁波分行设计了创新产品"物流联保通"，以联保方式向小型物流企业发放贷款；积极开展境外融资保函业务，用以支持船舶修造业的发展。此外，宁波金融机构还积极拓展涉海企业质押物范围，积极探索海域使用权抵押贷款、渔船抵押贷款、在建船舶抵押贷款的运用。

二、宁波海洋金融风险特征

由于海洋产业覆盖面广，技术要求较高，海洋经济的发展具有高投资、高风险、周期较长的特点，而传统的金融产品和服务无法与海洋经济的融资需求相匹配，海洋金融的发展面临诸多"瓶颈"，其中日益增大的海洋金融风险是最值得关注的问题之一。

(一) 涉海产业门类众多，内在风险突出

海洋渔业的发展较为依赖海洋环境条件。目前，日益加剧的海洋环境污染导致了世界性渔业资源的衰退。宁波近海资源日益枯竭，远洋捕捞未能形成规模，捕捞作业的渔船较小，功率增长较慢。自然环境的不利变化加之捕捞业技术水平有待提高，导致部分水产加工企业面临原料供应紧缺的困境，对宁波渔业生产和水产品出口贸易产生了较大影响。此外，海产加工行业内未形成有效的联合机制，同类企业合作意识较低，加之金融危机后世界经济复苏缓慢，加剧了出口企业

的系统风险，削弱了水产品加工企业的市场竞争力。

海洋航运业是一个资本密集、投资额巨大、投资回收时间长的服务性行业。航运企业的产品具有不可储存性，因此不能像其他行业一样通过存货的周转调节市场供需矛盾，而只能通过保有一定的运力规模以适应航运市场的需求。一旦受到国际贸易变动的不利影响，航运市场运力过剩，则会造成船舶运价大幅下跌。因此，航运企业的盈利很不稳定，营运收入较多地依赖于国际航运市场的竞争力。在以外贸立市，港口兴市的宁波，经营航运贸易的多为民营企业，自身抗风险能力较弱，需要借助庞大的资金合理规避海上运输的巨大风险，因此金融业的支持对企业的生存和发展至关重要。

海洋油气工程业是涉海产业的一个重要组成部分，海洋油气工程业需要巨大的建设投资，建设过程中常见的风险因素有：签约前未完成工程设计；新技术未能通过检验就仓促上马；工程设计在操作的稳健性方面存在欠缺；项目文件和现场资料不完善；工程界面间相互关系不明确等。这些因素导致海洋油气开发工程的成本超标和工期延迟，为承包商和融资方带来了较大的不确定性。位于宁波东南方向350公里的春晓油气田，投资建设共约130亿元人民币，并且由于天然气利用和存储的特殊性，配备了相应的配套项目，包括天然气处理厂、天然气运输管道等，相关建设都需要大量的信贷支持。

随着海洋经济的迅猛发展和人民生活水平的提高，滨海旅游已经成为人们休闲娱乐的新时尚。宁波拥有丰富的滨海旅游资源，近年来滨海旅游业处于快速发展之中，产业地位不断提高。然而，从整体来看，我国滨海旅游业仍处于"数量扩张，粗放经营"的过渡时期。海洋旅游业的盲目扩张引发了旅游景观的破坏和消亡，破坏了资源的原始性和自然状态，旅游消费过度导致环境污染严重，景观价值降低。特别是长期以来沿海地区海洋旅游资源供需失衡，大量客流集中在滨海大中城市，对资源和环境造成了较大的压力。近年来，宁波象山滨海旅游业发展规模和层次明显提升，进一步彰显了品牌效应。然而，象山的旅游企业普遍规模较小，抗经营风险能力较弱，金融介入空间有限，金融创新产品对滨海旅游业发展促进作用非常有限。此外，由于多数旅游企业只有景区的承包经营权，难以提供有效的抵押担保，且景区收入难以覆盖有效风险，因此在一定程度上制约了金融对滨海旅游发展的支持。

海洋新兴产业主要包括海洋装备制造业、海洋能源产业、海洋生物制药业、海水综合利用和深海开发技术产业等，高新技术含量高，具有较强的行业属性。总体看来，海洋新兴产业在成长期规模较小，产品不够成熟，短期内无盈利甚至亏损，长期盈利能力尚不确定，相对于成熟行业来说科技含量高，产出时间长，投资风险较大。宁波海洋装备制造业呈现"高端封闭、低端挤压"的特点，缺乏大型以上的海洋装备龙头企业，重大技术装备研发能力不足，高新技术产品的生产能力短缺，关键技术依赖进口严重，资金渠道单一，主要依靠财政拨款和银行信贷融资，难以利用直接融资等手段来解决融资问题。

(二) 政策不稳制度制约，系统性风险明显

海洋经济是一个系统工程，涉及的产业面较广，与众多的政府部门存在密切的联系。按照传统的分散方式来开展业务效率低下，必须从整体规划，批量开发，协同政府部门与行业产业来全面支持海洋经济业务的发展。涉海产业的发展需要金融要素持续、有力的支持，因此，一个长期稳定的金融支持政策体系才能与其他政策相辅相成，最大限度地发挥资源配置的作用。单靠个别银行和个别机构，既不利于金融产品的创新与应用，也不利于金融风险的防范与控制。目前已有的区域实践表明，海洋经济金融支持的起步时间较短，发展相对滞后，政府引导力度不够，金融支持的主导模式选择仍不清晰，长期在银行主导型金融模式和资本市场主导型金融模式之间徘徊。从世界各国的发展经验来看，政府在海洋经济的发展过程中起主导作用，这种主导作用旨在通过分担风险和诱导利益机制促进涉海微观经济主体的生产经营行为。然而目前宁波市在政府引导力度方面还有待加强，监

管部门责任不清，存在重复监管现象，这无疑会浪费社会资源，影响涉海企业正常的生产经营安排。

近年来，多数商业银行对涉海经济的发展持积极支持的态度，但是在经营过程中为了获得较高的盈利能力，规避信贷风险，纷纷加强了对涉海企业的信贷管理，特别是分支机构的信贷政策转为严格授权授信制度，对涉海企业实行限额管理，部分存量客户还会受到逐步压缩的信贷政策的影响，有限的资源优先保证优质客户和重点项目，某些涉海经济项目还受产业结构升级政策的限制，涉海信贷规模难以得到保证。

（三）信息沟通渠道不畅，隐蔽性风险显现

宁波海洋经济涉及行业面广、客户类型多，主体差异大，技术和产品层次不一，管理部门多，缺乏统一权威的信息沟通渠道。由于金融机构对涉海企业、海洋经济相关项目的信息沟通和资源共享还存在障碍，因此造成金融机构无法及时了解海洋经济发展动态和客户经营状况，限制了金融机构支持涉海产业发展的投入力度；涉海企业对金融支持的认识也存在一定的错位，融资渠道拓展和金融创新产品的应用有待进一步开发。

2011年7月，宁波市政府与中国建设银行宁波市分行签署了"全面金融解决方案"（FITS）合作框架协议，各县（市）区政府以及宁波市部分重点项目或重点企业也与建设银行签订了FITS。该方案拓宽了政府、产业与金融的全面合作空间，全面构建了海洋金融一体化解决方案的合作架构，为宁波市海洋经济发展提供了有力的金融支持。但是该协议框架中的金融产品更多属于直接融资的范畴，合作渠道尚待进一步放宽。此外，其他多数银行还未与宁波市政府部门形成系统有效的合作，因此无法为海洋经济产业主体提供市场信息和技术信息等多方面的帮助。

在信息整合方面，建立完善的海洋经济统计指标体系有助于界定金融支持的边界，明确金融支持的针对性，有助于全面分析涉海信贷

的存量和增量、投向和贡献度等情况。金融机构目前还没有一套科学完整有效的海洋经济统计体系，相关研究尚未在时间和地域方面形成统一。根据国家统计局的分类规定，海洋经济涉及五大类中的 39 个子行业，暂时未有关于海洋经济的专门统计指标体系。多数商业银行内部没有专门的海洋经济统计分类指标，不利于获得相关的指标数据。另外，金融机构对海洋经济支持的监管指标缺失，相关业务未纳入监管评级和风险评估的考察范围，有碍监管部门与金融机构的深入协商，协同发展，使得银行经营的灵活性受限，不利于海洋金融发展同业交流与合作。

（四）海洋金融创新不足，风险控制手段缺失

金融创新是通过对金融要素的重新组合从而提高金融效率的过程和结果。海洋经济活动兼具技术密集和资本密集，具有高投入、高技术、高风险、高产出的特点，因此，涉海产业的发展前景和潜在收益均存在较大的不确定性。海洋金融创新是指从金融制度、金融市场、金融机构、金融业务和金融工具等方面进行创新，使得金融更加适应海洋经济的发展。传统的陆地金融制度下的产品创新手段无法完全与海洋经济发展的特点相融合，内容较为单一，融资成本和交易成本较高，对风险规避性不强，不能够充分发挥资金支持和平台支撑的作用。

宁波市海洋经济的融资渠道主要依靠传统的银行信贷投入，融资结构严重失衡，使得海洋经济无法获得低成本的资金以提高融资效率，且受货币政策的影响较大。同时，由于涉海产业涉及大规模长期投资，使得单一金融机构难以承受如此巨大的风险。针对涉海产业的特点，可以通过银团贷款、项目融资、政府主导风险投资基金以及私募基金等融资方式来解决，但是目前这些融资方式在宁波本地应用较少。涉海产业获得贷款的有效抵押品较少，而目前的信贷支持仍以资产抵押方式为主，金融机构对海域使用权抵押贷款、渔船抵押贷款、出口退税账户托管贷款、排污权抵押贷款、在建船舶抵押贷款的提供存在操作上的困难，相关制度还不够规范和明确，因此业务开展较少。

在风险控制方面，多数商业银行仍以较传统的控制手段为主，依赖传统的行业分析以及企业经营状况分析等。涉海产业的高风险性使得传统的风险控制手段不再适用，如海域使用权、专利、船舶的转让交易市场不发达，导致银行很难处置抵质押物，因此涉海资产抵质押贷款的风险高于陆地金融。此外，涉海抵质押品的评估需要实地勘察，而一些抵押品具有非固定性的特点，如航运业中的船舶，在实际评估过程中费用高昂且存在诸多不便。此外，由于涉海产业的规模限制，金融机构在为其提供服务时，比服务大企业需要支付更高的单位资金的风险成本。

涉海保险作为涉海产业的风险保障，在宁波发展不足，还存在较大的发展空间。近年来海洋保险的险种和规模发展较快，但是仍难以有效覆盖风险。保险资金作为长期稳定的资金来源，可以通过股票债券和投资基金等形式直接运用于涉海产业的发展，也可以通过提供保证保险、借款人意外伤害保险等方式为涉海产业的融资行为提供风险保障。然而，目前涉海保险的发展比较滞后，主要表现在保险业服务海洋经济的产品比较欠缺，缺乏专门针对海洋经济的政策性保险产品；在某些领域虽然有了一些保险产品，但是由于专业人员缺乏相关定价、估损、理赔技术，经常出现无法保、不敢保的现象。总体来说，针对涉海产业保险产品创新的空间巨大，保险服务模式也需要进行多方面的创新，以提升保险业服务海洋经济的整体能力。

第三节 海洋金融风险度量方法

一、风险度量的基本原理

风险度量即在风险识别的基础上对风险的定量分析过程。风险度量的主要研究对象是损失的不确定性，在现有损失资料的基础上，运用概率论和数理统计的方法构建模型，对风险事故发生的损失频率和程度作出估计，作为选择风险管理技术和进行决策的重要依据。风险衡量的基础是充分有效的数据资料，数据的来源主要有直接和间接两个方面：直接数据来源指通过统计调查方法获得相关数据；间接数据来源指从现有统计资料中获取相应的信息。搜集到的统计资料需要具备完整、系统、连续、相关等特点，以客观反映风险事故的历史情况，预测损失发生的可能性，增强风险度量结果的准确程度。在海洋经济的相关研究中，直接数据来源指利用统计调查的方法就某个具体问题或者特定行业和地区开展调查所获取的一手数据；间接的数据来源是指利用国家海洋局发布的《中国海洋统计年鉴》、《中国海洋经济统计公报》以及各省市的海洋经济运行情况等统计资料获得相关的二手数据。

风险度量的内容包括风险分析、风险估计与风险评价三个方面。海洋金融风险分析是指针对海洋金融的特点和相关项目的具体要求，采用分析和分解原则，对风险因素进行多层次的分解分析，运用定量方法给出相关指标变量的概率分布情况。风险估计是指在收集、整理海洋金融的风险数据基础上，建立风险模型对风险发生的可能性和损失后果进行估计，着重分析风险因素对综合风险的影响程度。风险评价是在风险估计的基础上，将损失程度、损失频率以及其他因素综合考虑，建立相应的评价标准对风险程度进行划分，并对风险的状况进行综合评价。

风险度量是对损失频率和损失程度进行量化分析的过程，以统计分析和概率分析作为衡量风险的重要工具和手段，因此具有可操作性和科学性。风险度量的理论基础包括：

（一）大数法则

大数法则是风险度量的重要理论基础。在进行风险度量的过程中，只要被观察的风险单位数量足够多，则风险事故的发生频率和损失程度呈现出统计规律性，可以对损失发生的概率和严重程度衡量出一定的数值来。正是大数法则的存在，才使得风险的度量成为可能，而且观察的风险单位数越多，度量结果越准确，预测的损失程度越接近实际发生的损失。

（二）概率推断原理

概率推断原理指出，单个风险事故是随机事件，损失频率和程度都是不确定的，但是总体又呈现出某种统计规律，可以采用概率论和数理统计方法，推测出风险事故出现状态的各种概率，如涉海保险定价中常采用二项分布和泊松分布来衡量风险事故发生的概率，以作为确定保费的依据。

（三）类推原理

事物发展过程中有其各自的规律性，其间又有许多形似之处，因此可以利用先导事件的发展过程和特征，预测在其他方面存在类似过程和特征的可能性，这一过程即为类推分析法。数理统计学中，从部分去推断整体的类推方法已经形成了成熟的理论和众多有效的方法。在风险管理实务中，由于时间跨度中统计口径的缺失、统计方法的变化以及损失事件的稀有性等原因，统计资料缺乏的情况时有发生，统计调查的实施也往往因为时间、经费等许多条件的限制而无法取得所需要的数据资料。利用类推原理，根据事件之间的相似关系，从现有的统计资料出发可以进行有效的预测分析，弥补了统计资料不足的缺陷，能够满足风险度量的实际需要。

（四）惯性原理

由于风险事故发生作用的条件大体是稳定的，因此事物发展具有一定的惯性特征，利用这一特征可以预测风险事故的损失概率和程度。在风险实务中，当运用过去的损失资料来衡量未来的状态时，要抓住惯性的主要发展趋势，然而由于风险发生作用的条件不是一成不变的，会发生一些引发事故的偶然因素，因此风险衡量的结果可能出现偏离，需要对衡量结果进行适当的技术处理，使其与未来发展的实际结果保持一致。

二、风险度量的一般方法

风险度量技术能够降低不确定性的层次和水平，是风险管理的重要手段。通过风险度量可以计算出比较准确的损失概率和损失程度，降低风险水平，从而确定损失概率和损失期望值的预测值，为风险定量和风险评价提供依据。海洋金融风险作为金融风险在涉海产业中的风险表现，其度量技术和方法与金融风险度量方法具有一致性。

（一）敏感性指标衡量方法

最初对金融风险的度量集中在金融风险的市场风险部分，主要利用敏感性指标如德尔塔（Delta）、伽马（Gamma）和维咖（Vega）和利率敏感性衡量方法（久期和凸性等）测量市场风险因子的变化与金融资产收益率之间的关系。Markawitz（1952）提出利用统计学中的方差度量金融市场交易者资产收益的风险。方差是衡量风险测量值和平均值离散程度的指标，方差越大，数据越分散，损失波动的幅度越大，出现极端损失值的可能性就越大。然而，上述的风险衡量方法只能考虑单个类型的风险因子影响，并且不能衡量风险暴露的绝对价值。

（二）VaR 衡量方法

20 世纪 90 年代，在亚洲金融危机的背景下，JP. Morgan 投资银行引入到险价值（VaR）的方法度量金融风险。VaR 方法的定义是在正常的市场条件和给定的置信水平下，在一定的持有期内某一投资组合可能发生的最大损失。VaR 的计算方法能够基于严谨的概率统计理论，简单清晰地表示市场风险的大小，可以事前计算单个资产的风险和多个金融工具的投资组合风险，因此得到了国际金融理论和实务界的普遍认可和广泛应用。VaR 技术方法涵盖了多个风险因素的影响，并且也可以测度非线性的风险问题，然而该方法实质上是对应于某置信水平的分位点，没有考虑分位点下方的信息即尾部风险，不满足次可加性，不符合一致性的风险度量要求。

目前 VaR 度量方法在各个领域都应用广泛。在海洋金融方面，商业银行利用 VaR 方法将损失大小和发生的可能性联系起来，从而反映涉海信贷的风险情况，为信贷风险评估提供了依据；在涉海保险方面，利用 VaR 来衡量利率变动的可能性及保费损失的可能性，有效评估了通货膨胀和资产贬值的风险，是保证保险公司盈利和客户利益的有效工具；在涉海资产证券方面，由于 VaR 的使用范围广，可适用于不同的金融产品，同时容易掌握，可适用于不同的管理需求，因此有助于评估涉海资产证券标的，为其未来发展提供较为可靠的预期。

针对 VaR 模型在风险度量中的缺陷，Artzer 等（1997）提出了一致性风险度量模型，即认为有效的风险度量模型需满足单调性、次可加性、正齐次性和传递不变性这四个约束条件。若用向量 X、Y 表示两个投资组合的随机收益向量，f(X)、f(Y) 表示它们的风险，则一致性公理要求：

单调性。若 X≥Y，则 f(X)≥f(Y)。即若一个投资组合优于另一个投资组合，或者说前者的风险不小于后者，则必须满足前者的随机收益向量的各个分量均大于或等于后者随机收益向量所对应的各分量。

次可加性。f(X+Y)≤f(X)+f(Y)。意味着投资组合的风险小于或者等于组合中各项资产的风险之和。该条件对银行资本金确定和最优化投资组合的选择具有重要的意义。

正齐次性。f(aX)=af(X)，其中 a≥0 为常数，反映了相同资产的组合没有分散风险的效应。

传递不变性。f[X+b(1+r)]=f(X)-b，其中 b≥0 为常数，r 为无风险利率。说明如果在投资组合中增加无风险头寸，则组合的风险将随着无风险资产头寸的增加而减少。

上述四个条件中，次可加性是最重要的。当投资组合中的各个部分的风险完全正相关时，整体风险等于各个部分的风险之和，否则由于风险的分散化效应，整体风险应小于部分风险之和。经证明，VaR方法在资本收益率不服从正态分布时，不满足次可加性，因此利用VaR方法度量风险不再准确，不利于金融机构对总体风险的有效管理。

（三）　一致性风险度量方法

一致性风险度量模型的典型代表包括预期损失模型（ES）和条件 VaR 模型（CVaR）。预期损失模型也称为预期不足，指的是超过VaR 的那部分损失的期望，令 $F_X(x)=P(X\leqslant x)$ 为投资组合 X 的收益函数，$F_x^{-1}(p)=\inf\{x\mid F_X(x)\geqslant p\}$ 为预期收益函数的反函数，则置信度为 $\alpha\in（0，1]$ 的预期损失为：

$$ES_\alpha(X)=-\frac{1}{\alpha}\int_0^\alpha F_x^{-1}(p)\,dp$$

可以证明，离散变量的 ES 满足一致性的测度条件。当变量连续时，ES 模型即为条件 VaR 模型。CVaR 模型不是仅仅计算损失分布上的单一分位点，而是把大于 VaR 的所有尾部损失进行充分估计后计算尾部损失的平均值，因此度量结果相对充分和完整，特别是在风险因子非对称分布的情况下，能够更全面地刻画损失分布的特征。CVaR 模型满足次可加性条件，是一致性风险度量模型中的一类重要模型。

（四）　波动建模衡量方法

综观社会经济金融系统的发展历程，系统的不稳定性贯穿始终。特别是 20 世纪 70 年代以来，随着布雷顿森林体系的瓦解，金融自由化浪潮在世界各国迅速展开，竞争与资产替代带来了更多的不稳定性因素，尤其是对于新兴市场经济体，经济及金融的系统性动荡从来没有停止过。在这样的背景下，以波动为主要成分的用以规避风险的投资理论与金融工具得到了广泛的研究和重视。Markawitz（1952）的证券组合选择理论中的"均值—方差"分析方法就是以资产波动率代表投资组合的风险；有效市场假说作为投资实务研究中一个具有重要影响的理论，主要包括理性投资者、有效市场和随机游动三个方面，该理论表明在一个能够保证信息对称的完备资本市场中资产价格的动态过程可用（半）鞍来描述，由此奠定了现代证券投资理论的基石。在此基础上，资本资产定价模型讨论了在一定风险水平下达到最佳收益的投资组合问题，在模型中不仅建立了收益与风险的关系，并且将风险细化为系统风险和非系统风险。与之类似，套利定价理论以多因子模型为基础，研究了非对称信息下资本市场的均衡定价问题，从一个新的角度刻画市场风险和收益的均衡关系，其中各个因子之间的协方差即为波动变量；1973 年，Fischer Black 和 Myron Scholes 建立了著名的 Black-Scholes 期权定价模型，该模型令资产价格服从概率空间上的 Ito 过程，从而建立了进行期权定价的随机微分方程，其中，波动率是一个非常重要的变量。此外，各种期权定价模型以及利率期限结构模型等均是以金融产品价格的波动率作为建模过程中的重要变量，并通过改进波动率的变化形式来进一步使模型更为贴近现实。

随着上述金融经济学模型的发展，对金融产品价格波动率的建模分析逐渐成为理论界和实务界关注的焦点问题。在对波动的建模过程中，大量实证研究表明金融经济中的时间序列呈现出新的特点，其中的一些典型特征违背了经典的计量经济模型的假设，如高峰厚尾性、波动的聚集性和非对称结构等。在突破了分析工具的限制之后，时变波动过程的建模方法为进行有效的风险管理提供了有力的分析工具。在这一领域，涌现出以 Engle 为代表的一批优秀的计量经济学家，开展了一系列的建模及估计过程的研究探索，获得了丰富的理论与实践方面的成果。目前，波动的动态性建模方法主要有两类：一类是自回归条件异方差模型（Autoregressive Conditional Heteroskedasticity，ARCH）及其扩展形式，另一类是随机波动模型（Stochastic Volatility，SV）。在 SV 模型里，方差即波动性由一个不可观测的随机过程决定，因此被许多学者认为是一种更加适合经济金融领域波动过程的建模方法。

SV 模型包含不可观测的隐波动变量，因此难以得到似然函数的精确表达，其各种扩展形式更为复杂，实现潜在状态变量和参数的估计过程都极为困难，模型参数的估计一直是模型建模过程中的重点问题和难点问题。最初用于 SV 模型参数估计的主要方法是广义矩估计，即 GMM 估计。因为 GMM 估计方法假设条件比较宽松，较易实现，因此在 SV 模型发展过程的早期应用较多。近年来，随着计算机技术的不断发展，以蒙特卡洛模拟为基础的估计方法在处理高维积分的问题方面显示了独特的优势，其中的 MCMC 算法成为时变波动模型的估计方法中发展得最迅速应用最广泛的一类方法。

三、海洋金融风险度量：以干散货航运市场价格波动为例

航运业作为一种特殊的行业，在世界经济与贸易的发展中发挥着极其重要的作用。随着世界贸易和全球一体化的进程，航运市场的发展动向受到人们的广泛关注。作为航运市场三大板块之一的干散货市场是一个近似完全竞争市场，具有船东数目多、进出市场相对容易、市场信息相对公开等特点，在市场价格运行过程中表现出明显的周期性与波动性特征。对于干散货运输市场的参与主体来说，运价的波动性风险是企业运营所面临的主要风险之一，因此研究国际干散货运输市场价格波动特征有利于市场参与者控制风险，并寻求合理的风险规避方法。

随着全球化和世界产业分级的进程，航运市场的表现对于整个世界经济的影响越来越明显，其中干散货国际航运市场及其波动得到特别的关注。目前国际上有许多著名航运机构都对干散货航运市场开展了相关研究，如英国海运咨询机构克拉克松和德鲁力公司以及德国不

来梅航运与物流研究所，这些机构每年都定期出版各种统计资料和专题报告，对国际干散货航运市场海运量与运力供给情况进行分析并预测。另外，一些学者也针对运价指数的自身运行规律进行了研究，如宫进（2000）探讨了波罗的海运价指数收益率的季节效应及收益率的波动性；张林红和陈家源（2001）利用曲线拟合研究了运价指数BFI 的预测方法；利用传统时间序列方法，吕靖和陈庆辉等（2003）对序列提取长期趋势项、周期项以及季节项之后，建立拟合模型并进行预测，研究发现一步预测误差相当小，但二步、三步预测误差很大；针对干散货国际航运市场，关昊（2009）利用基钦的短周期波动理论和康德拉基耶夫的长周期理论，以及朱格拉的中波周期理论分析了航运指数的短、长和中长周期的变动规律，归纳了新世界经济形式下航运市场的波动周期特征。

在对经济周期的研究中，波动区制的识别和检验一直是经济周期理论关注的主要内容之一，这关系到对周期波动扩张和衰退的转变点的判断。航运指数作为国际贸易和国际经济的领先指标之一，集中反映了全球对矿产、粮食、煤炭、水泥等初级商品的需求。作为全球经济的缩影，对航运价格指数波动区制的拟合和检验可以为分析和判断经济周期的发展阶段和走向提供预判。然而目前还未有相关文献对该问题进行量化分析。为此，本节基于 Markov 区制转移随机波动模型，对波罗的海运价指数 BDI 进行研究，以识别运价波动周期多区制性的复杂动态变化过程。更进一步，由于宁波在全球港口货物吞吐量方面的突出地位，检验了 BDI 指数与代表宁波经济总量发展的指标——名义 GDP 增长率之间的协同性关系。

（一）模型构建

Hamilton 最先提出了马尔科夫状态转换模型，并在此后的研究中将其引入 ARCH 模型中以刻画美国经济周期波动的结构变化特征，这是一种对数据内生结构变化进行建模的思路。按照这种建模方法，将 Markov 过程引入随机波动模型中可以构建如下的 Markov 转换随机波动模型（MSSV）：

$$\begin{cases} y_t = \exp(v_t/2)\varepsilon_t, \varepsilon_t \sim i.i.dN(0,1) \\ v_t = \alpha_{s_t} + \phi v_{t-1} + \eta_t, \eta_t \sim N(0,\tau^2) \end{cases} \tag{8-1}$$

其中，y_t 为 t 时刻的金融资产收益率数据，v_t 为波动的对数形式，且 y_t 与 v_t 条件独立。ε_t 和 η_t 为不相关的误差项，分别服从方差为 1 和 τ^2 的独立正态分布。α 和 ϕ 代表波动方程中的参数项，其中 ϕ 代表波动的持续性水平，反映了当前波动对未来波动的影响，一般令 $|\phi|<1$，即设波动过程是一个协方差平稳过程。s_t 代表马尔科夫潜在状态变量，其状态空间定义为 $\{1, 2, \cdots, H\}$，转移概率为 $p_{ij} = P_r(s_t=j|s_{t-1}=i)$。根据价格波动的区制特征，本书将周期波动初步划分为两个状态，即 H=2，此时 s_t 代表一阶两状态的 Markov 过程，转移矩阵为：

$$P = \begin{pmatrix} Pr(s_t=1|s_t=1)=p_{11} & Pr(s_t=2|s_t=1)=p_{12} \\ Pr(s_t=1|s_t=2)=p_{21} & Pr(s_t=2|s_t=2)=p_{22} \end{pmatrix}$$

$$= \begin{pmatrix} p_{11} & 1-p_{11} \\ 1-p_{22} & p_{22} \end{pmatrix} \tag{8-2}$$

式中，$s_t=1$ 代表温和波动状态，$s_t=2$ 代表剧烈波动状态，p_{11} 和 p_{22} 则分别代表高水平波动状态下的内部转移概率和低水平波动状态下的内部转移概率。不同状态下内部转移概率的大小决定了不同时刻下状态的选取，而不同状态下波动水平参数 α_{s_t} 的取值直接决定了波动的水平，进而表现为观测值的变化，这是该模型的作用机理。

由于参数 p_{ij} 在取值范围上的限制，因此在估计时将其转化为 $p_{ij}/(1-p_{ij})$ 的自然对数形式。此外，模型其他参数的先验分布设定如下：设 $p_i = (p_{i1}, \cdots, p_{iH})$，则 p_i 的先验分布设定为参数为 0.5 的 Dirichlet 分布；τ^2 的先验分布设定为形状参数为 2.001，尺度参数为 1 的倒伽马分布；参数 ϕ 反映了波动的持续性，先验分布设定为均值为 0，方差为 100，取值范围在 $(-1, 1)$ 的正态截尾分布。对于模型的其他参数，由于先验信息比较缺乏，所以均采用了低信息先验分布，以尽可能地利用样本数据本身的信息对参数进行估计。

（二）基于 MCMC 模拟的参数估计

在估计 Markov 区制转移随机波动模型时，假设 $Y = (y_1, y_2 \cdots, y_n)'$ 代表观测向量，$M = (M_1^{(1)}, \cdots, M_n^{(1)}, \cdots, M_1^{(K)}, \cdots, M_n^{(K)})'$ 代表状态变量，$\Theta = (\{\theta_1, \phi_1, \eta_1\} \cdots \{\theta_n, \phi_n, \eta_n\})$ 表示模型中的所有参数组成的集合，则模型的似然函数为一个 n×K 重积分的过程：

$$f(Y|\Theta) = \int f(Y|M,\Theta)f(M|\Theta)dM$$

它的具体形式很难直接获得，因此不适合使用极大似然估计方法进行估计。

在 MCMC 方法的框架下，参数和状态变量的后验联合分布 $\pi(\Theta, M|Y)$ 可以利用 Gibbs 抽样方法进行估计，也可以看作将参数空间扩展为包括状态空间在内的新的参数空间，因此问题转化为从如下完全条件后验分布中抽取随机样本：$\pi(\Theta|M,Y), \pi(M|\Theta,Y)$。根据贝叶斯定理，参数的完全条件后验分布比较容易获得，并且通过先验分布的设定，可以使得参数的后验分布具有共轭的形式，便于进行抽样分析。

（三）数据统计特征分析

BDI 指数是国际波罗的海综合运费指数的简称，由设在英国伦敦的波罗的海航运交易所根据全球 38 家不同的船舶经纪公司提供的 20 条期租航线的租船报告，加以综合计算用于评估各种主要船型的租金走向。郑士源和姚祖洪（2004）通过国际干散货航运市场综合评价值与波罗的海干散货综合运价指数的标准化值进行比较，揭示了这两者之间有相似的走势。选取 1999 年 11 月至 2012 年 7 月的月度 BDI 数据，在足够长的时间内客观全面地描述干散货运价波动的区制状态特征，具有适当的参考价值。首先对指数序列采用对数差分法处理，得到收益率序列，计算公式为：

$$R_t = \ln B_t - \ln B_{t-1} \tag{8-3}$$

其中，B_t 代表 t 时刻的 BDI 运价指数，R_t 代表指数收益率。表 8-1 给出了干散货运价收益率 R_t 的基本统计特征。

表 8-1 干散货运价收益率的基本统计特征

均值	标准差	中位数	偏度	超额峰度	J-B 统计量	ARCH-LM 检验
-0.0012	0.0099	0.0063	-1.6716	8.7704	557.9508 (0.0000)	7.8728 (0.0057)

从表 8-1 中看出，收益率序列的均值趋近于 0，偏度和超额峰度的值表示收益率分布呈现出尖峰厚尾的特征。同时，正态检验统计量 J-B（Jarque-Bera）的值为 557.9508，相应的 P 值为 0.0000，说明原假设正态分布不成立。异方差 ARCH-LM 检验值为 7.8728，相伴概率 P 值小于显著水平 0.05，说明收益率序列具有明显的 ARCH 效应，表现为波动的聚集性特征。

（四）参数估计及相关解释

通过运用 MCMC 仿真方法对数据进行仿真分析，得到 Markov 区制转换随机波动模型的参数估计。首先对每个参数进行 10000 次迭代，进行退火，以保证参数的收敛性，然后舍弃原来的迭代，再进行 20000 次的迭代。通过对模型中各参数的实时监测，得到以下各图（见图 8-1，图 8-2）。值得指出的是在模型中我们设置了两条独立的样本链，目的是消除参数的初始值对模型的影响。

从图 8-1 中可以看出，模型中的各条链较好地磨合在一起，说明抽样链已经基本达到平稳状态。图 8-2 给出了模型参数相应的后验核密度图，从该图中我们可以掌握该参数的分布情况，并据此进行各参数的后验区间估计。根据 Gibbs 抽样结果，得到如表 8-2 所示的模型参数后验估计结果，不难看出：由于各参数的 MC 误差远远小于标准差，验证了该算法在一般意义上的有效性；波动持续性参数 φ 的后验均值为 0.9736，95% 的置信区间为（0.9312，0.9968），说明干散货运价收益率具有高度的波动持续性；另外，状态变量 s_t 的内部转移概率 p_{11} 和 p_{22} 的后验均值分别为 0.6256 和 0.9550，说明收益率序列在区制 1 即温和波动状态下的持续概率为 0.6256，运价波动处于该阶段的频率为 0.2697；而在区制 2 即剧烈波动状态下的持续概率为 0.9550，这种状态具有高度的稳定性，运价波动处于这一区制的频率最高，达到 0.7303。相应的从区制 1 向区制 2 转移的概率为 0.3744。

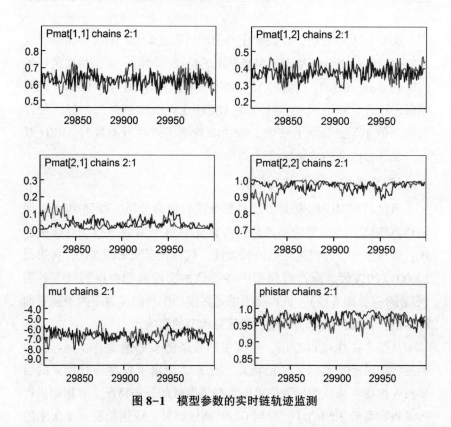

图 8-1　模型参数的实时链轨迹监测

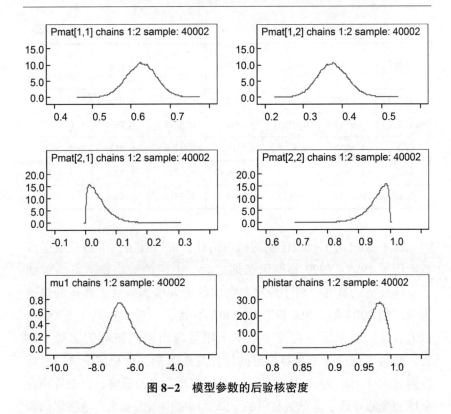

图 8-2　模型参数的后验核密度

考察区制转换的后验概率，可以看出运价波动状态从温和波动区制转移到剧烈波动区制的概率为 0.3744，而从剧烈波动区制转移到温和波动区制的概率几乎为 0，存在着转移概率上的非对称性，这一现象与经济周期的区制转移过程类似。

表 8-2　模型参数的后验估计值

参数	均值	标准差	MC 误差	2.5% 分位点	中位数	97.5% 分位点
Pmat[1,1]	0.6256	0.03853	2.391E-4	0.5485	0.6261	0.7001
Pmat[1,2]	0.3744	0.03853	2.391E-4	0.2999	0.3739	0.4515

续表

参数	均值	标准差	MC 误差	2.5%分位点	中位数	97.5%分位点
Pmat[2,1]	0.04504	0.03551	8.184E-4	0.003336	0.03645	0.1361
Pmat[2,2]	0.9550	0.03551	8.184E-4	0.8639	0.9636	0.9967
mu1	-6.5000	0.5626	0.01697	-7.5790	-6.5150	-5.3560
mu2	1.2500	0.5032	0.009087	0.1722	1.3260	1.9670
phistar	0.9736	0.01725	5.891E-4	0.9312	0.9769	0.9968

　　图 8-3 给出了模型区制的概率估计，可以看出，干散货航运市场经历了 1997~1999 年的萧条期之后，中国的经济快速发展带动了全球经济的复苏，对于原材料需求的大大增加导致了海运的快速繁荣。到 2004 年，BDI 指数较 2003 年翻了一番，达到了 6000 点以上。这一现象反映在波动水平上则呈现出剧烈波动的态势。此后，航运市场进入了相对稳定的快速发展时期，该稳定阶段一直持续到 2007 年末。进入 2008 年，受美国次贷危机的影响，金融危机在全球的蔓延导致了全球贸易量的下降，加之中国工业化产业格局的调整使得干散货航运需求下降，航运市场由相对稳定的增长期转入了波动剧烈的衰退期。在这一阶段内，航运指数从 2008 年初的过度投机炒作形成的过度繁荣到 10 月非理性的恐慌性杀跌，经历了振幅超过了近万点的暴涨暴跌，显示了市场存在的巨大风险。加之前两年市场极度繁荣的情况下盲目扩张的运力，在 2010 年前后达到了释放的高峰期，在一定程度上放大了 2008 年经济危机的影响，这种影响一直持续至今。

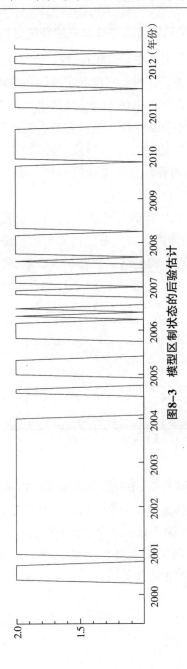

图8-3　模型区制状态的后验估计

（五）航运运价周期波动态势与宁波经济增长的协同性检验

BDI 指数综合了全球主要航线每日报价，由于散货船租金与原材料需求有着密切的关系，因此它反映了各国在铁矿石、粮食和化肥等方面的供给情况，进而可以预先间接反映世界经济的发展状况。宁波拥有天然优良的海港资源，作为浙江省港航强省建设的主阵地，近年来宁波不断加强港口建设，逐步形成大陆沿海主要的大宗散货集散港，2011 年港口货物吞吐量居全球第四位，成为宁波市经济发展的有力保障。

下面主要检验 BDI 指数与代表宁波经济总量发展的指标——名义 GDP 增长率之间的协同性关系。首先对这两个序列及其差分序列分别进行单位根检验，检验结果如表 8-3 所示。

表 8-3　数据的平稳性检验

	截距项	截距项和趋势项
BDI	−2.008575	−2.220847
	−5.518490 **	−5.537777 **
pGDP	−1.953908	−3.487595
	−28.86921 **	−28.13002 **

注：** 表示在 5% 水平下单位根检验的统计量显著。

BDI 指数序列和名义 GDP 的增长率序列的单位根检验结果表明这两个序列数据中都仅有 1 个单位根，这表明它们均为 I（1）过程。因此，可以在协整框架下分析运价水平和宁波经济总量增长率之间的长期均衡和短期波动关系。表 8-4 给出了 Johansen 协整检验结果，可以看出，变量间存在协整关系。

表 8-4　Johansen 协整关系检验

原假设	特征根	迹统计量	临界值	P 值
无协整关系	0.4901	27.6033	20.2618	0.0041*
最多 1 个协整关系	0.1291	4.7010	9.1645	0.3178

注：*代表在 0.05 的显著性水平下拒绝原假设。

进一步建立误差修正模型，反映变量之间的短期动态关系，误差修正模型为：

$$\Delta(pGDP) = 1.25 - 0.71 \times \Delta(pGDP(-1)) - 0.01 \times \Delta(BDI) - 1.16 \times ECM(-1) \tag{8-4}$$

各项统计检验指标如表 8-5 所示：

表 8-5　误差修正模型的相关统计指标

R-squared	0.827375	F-statistic	47.92901
Log likelihood	-215.7674	Prob（F-statistic）	0.000000
Durbin-Watson stat	2.038243		

误差修正模型拟合度较为理想，基本上可以较准确地反映经济变量之间的短期动态关系。误差修正项 ECM（-1）的系数为-1.16，代表宁波经济增长率短期变动的一阶差分项相对于两者长期均衡关系的调整程度，即长期均衡关系 ECM（-1）变动 1 个单位，短期变动将减少 1.16 个单位。此外，由误差修正模型还可以看出，宁波短期经济增长率的变动受到 BDI 变动的影响程度较低，而与前一期的经济增长率的变动存在一定的线性关系。究其原因，一方面是因为在航运贸易中对初级商品的需求变动转化为经济总量的变化存在一定时间内的滞后，当期预测必然需要进行修正；另一方面在前几年市场一片极度繁荣的情况下，部分货主及船东以超越市场需求量的速度大规模新造运力，导致近期运力的集中释放，从而引起了对短期影响系数估

计的失真。此外，航运市场受随机因素影响较大，因此也限制了短期分析和预测的准确性。

从长期来看，BDI 指数的周期波动与宁波经济总量的增长具有一致性。宁波是一个对外贸易占有较大比重的港口城市，2006 年原宁波港和舟山港正式合并为宁波—舟山港之后，2010 年港口货物吞吐量跃居世界第一，在国际干散货市场上的份额也与日俱增，此外，干散货航运市场的表现对调整地区产业结构和产业结构的优化组合也具有重要的现实意义。因此对干散货航运指数进行观测和分析，充分发挥其在宁波港口经济发展中的温度计作用，有助于及时了解干散货航运业的整体状况及其发展趋势，提高对港口经济投资时机、投资结构的决策准确程度，防范经营风险，促进宁波港口经济的发展。

第四节　宁波海洋金融风险防范与化解

在充分把握宁波海洋金融风险现状的基础上，通过部分参考国外发达国家在防范和化解海洋金融风险方面的成功经验，积极构建适合宁波本土海洋金融发展的蓝色金融体系，以促进宁波海洋金融的健康发展，下面针对宁波海洋金融发展中的风险因素提出防范和化解金融风险的政策建议。

一、加大政府支持力度，防范外部制度风险

美国涉海产业的一个重要资金来源是财政拨款。2000 年的《海洋法》中规定了以强有力的经费支持保障顺利实施新的国家海洋政策。据统计，每年美国投入到海洋开发的预算为 500 亿美元以上，而对于有利于可持续发展的涉海项目和技术，政府财政拨款会给予更大的支持。同时，为了加速海洋高科技技术的产业化，美国在密西西比河口区建立了海洋高新技术科技园，致力于海洋军事和空间领域的高

新技术的发展。

日本作为较早发展海洋经济的国家，也非常重视金融对海洋经济的支持作用。在 21 世纪初，加大拨款力度发展海上港湾、海上机场、海上桥梁、海上牧场以及海洋能源基地等方面的海洋空间利用。与此同时，为了应对海洋经济发展中重点项目繁多、融资额度大和融资多样化等风险特征，日本积极引导商业银行组织银团贷款，调整信贷结构，通过利率引导对相关环保型涉海企业给予优惠政策，促进海洋经济的健康发展。除此以外，日本还不断完善海洋经济的税费政策，与环境保护相关的项目可以得到税收上 14%～20%的优惠。

从国外经验以及海洋经济的特征看，海洋经济发展的资金大部分源于财政投资，这主要是因为海洋经济产品具有较强的外部性和公共性，投资金额巨大，周期较长，单纯依靠民间资本或企业资金很难保证其顺利发展，因此，政府支持是防范海洋金融风险的先决条件。政府支持海洋金融的发展应从以下几个方面进一步优化：

（1）对于在涉海领域给予金融支持的金融机构，政府要从政策方面给予倾斜支持。如在大项目融资招标、公务卡、代发工资等方面对大力发展蓝色经济的金融机构适当倾斜财政资源。此外，每年安排一定的预算投入，对海洋聚集区的基础设施和公共服务条件等项目建设给予一定的资金补助。

（2）由政府主导积极发展中小企业担保公司和政策性保险。由于海洋产业风险集中且不可控，中小企业缺乏传统的抵押品，并且由于信息不对称等原因导致融资困难。担保公司可以提升中小企业的信用等级，有利于引导更多主体参与海洋经济，有效分散海洋产业风险。

（3）政府牵头完善抵押担保方式，增强创新担保的认可度。由于涉海产业的动产占比较高，因此有效抵押率较低，因此创新信贷抵押物是海洋金融发展的有力保障。政府要加大宣传和引导抵押贷款的使用，加快专业性评估机构的建设；构建海域使用权的二级交易市场，通过财政贴息等政策降低海域使用权抵押贷款风险，加大政策扶持力度。

（4）完善征信体系建设，打造良好诚信环境。涉海产业多具有高投资、高风险、周期较长的特点，投融资的发展更依赖于诚信体系的信息。因此政府要牵头加快统一的企业和个人诚信体系建设，进一步扩大信息采集范围和服务对象，支持评级公司和信用担保公司等信用管理企业的发展，建立诚信激励和失信惩戒机制，保障评级市场的健康有序发展。

（5）加快发展海洋经济发展引导基金，通过政府引导、社会参与的方式，完善海洋高技术产业风险投资机制，引导并带动民间资金支持海洋高技术企业的发展。宁波市地方政府应加快制定海洋金融相关立法机制，不断充实和完善金融支持海洋经济的政策和法规，健全税收、保险、银行信贷等金融支持措施，为发展海洋金融创造一个良好的外部金融环境。

二、创新金融产品和服务，规避非系统性风险

海洋经济融资如果过于依赖一种渠道，如商业银行贷款，就会造成金融风险集聚，对银行系统的稳定构成严重威胁。因此，极有必要创新金融产品和服务，采取多种融资形式，由整个金融系统共同分担海洋金融风险。

新加坡作为亚洲最重要的港口之一，海洋经济占国民收入的比重较大。新加坡在2004年成立了海事信托基金，该基金通过信托公司在股票市场上公开发售来招募公众基金单位持有人。信托基金通过购买船舶并以长期租约的方式出租给承租人使用，从而获取稳定的租金收益。由此可见，新加坡的海事信托基金通过吸收闲散资金拓展了海洋融资的渠道，运用资产租赁的方式降低了航运企业的初始投资成本，降低了行业进入壁垒，促进了涉海相关产业的发展。较为完善的风险投资机制是美国海洋金融的一个主要特征，目前美国有2000多

家风险投资公司，为高技术企业包括海洋高技术企业提供有效的资金支持。下面依据国际经验提出创新涉海金融产品和服务的方式和方向。

创新信贷模式。金融机构要结合自身实际情况，因地制宜地研发适合本地海洋经济发展具有特色的信贷产品，创新信贷模式，拓展海域使用权抵押贷款、在建船舶抵押贷款等抵押担保方式，结合海洋设备出口特点积极拓展各种海洋设备信贷，创新航运金融及物流金融新模式，畅通融资渠道。定制便捷高效的贷款流程，提高审批效率，对优质的涉海企业推广信用贷款，改善金融服务的效率和质量。

创新服务模式。支持符合条件的金融机构、船舶制造企业设立金融租赁公司，从事船舶融资业务；推动银行、保险、信托等金融机构与风险投资、股权投资、担保机构等建立战略合作关系，发展海洋投资联盟；积极推进银团合作，集中资金优势，分化金融风险。鼓励开展各类非信贷融资模式，综合运用贸易融资、保理、票据、信用证等非信贷融资方式，做好对企业的金融服务工作。制订海洋高技术产业发展计划或者对进入涉海产业的风险投资免征或减征税收。

创新金融产品。积极推进汇率避险市场和避险产品的培育与创新，设计适合涉海产业经营特点和汇率变化趋势的避险产品，帮助涉海企业有效规避汇率和利率风险。

完善金融支撑体系。推进建立宁波特殊重点行业大宗商品价格指数，增强其国际影响力，推动特殊大宗商品价格的本地化定价机制的形成，降低大宗商品贸易企业的经营风险，从而促进航运金融的发展。推进海域使用权、涉海知识产权等无形资产交易市场及在建船舶、海洋设备等实物资产交易市场的建设，降低市场准入条件，增强涉海资产的流动性，从而降低资产的变现损失。完善资产价值评估及资产拍卖体系建设，支持建立具有规模性的权威资产价值评估机构和资产拍卖机构，使用与国际接轨的海洋资产评估标准，降低海洋资产的评估风险。

三、完善海洋保险制度，建立风险防范机制

海洋经济与陆地经济相比自然属性更加突出，受到外部环境及气候的影响更大，特别是近年来人为污染带来更加严重的海洋环境灾害，迫切需要发展海洋保险。在海洋保险制度方面，美国将海洋环境污染保险作为工程保险的一部分，是签订工程合同的必保险种，完善了海洋保险制度，确保了海洋循环经济的发展模式。为了限制海洋不可再生资源生产的一次性产品的使用和消费，美国将油气资源等不可再生资源的开发活动所收取的费用，以建立基金的形式，返还性地用于海洋管理的改进工作方面。

目前，我国的海洋灾害保险发展缓慢，许多涉海领域由于保险缺失，经济损失只能由涉海企业自身承担，增加了经营的不确定性风险，影响了资金向涉海产业的配置，制约了海洋经济的发展。因此完善和发展我国的海洋保险业是发展海洋金融的重要内容。《中共宁波市委、宁波市人民政府关于加快发展海洋经济的意见》多处论及海洋保险业的发展："海岛保险公司为种植业、养殖业提供保险业务取得的保费收入，在计算应纳税所得额时，按90%的比例计入收入总额"、"大力发展船舶保险、海上货运险、保证保险，探索新兴航运保险业务，培育航运再保险市场"、"积极争取设立专业的航运法人保险机构"、"支持并吸引国内大型保险机构在我市设立专业性的航运保险机构"等。总体来看，宁波市政府已经将保险业纳入海洋经济发展的整体规划，发展涉海保险具备了良好的政策环境。从具体手段和措施来看，我们建议如下：

采取较为宽松倾斜的税收优惠政策。涉海保险服务环节多，产业面广，手续烦琐。为鼓励涉海保险的发展，政府应当采取较为宽松倾斜的税收优惠政策，这不仅有利于涉海保险企业的集聚，也有利于推动涉海企业在当地投保。针对目前保险资金与涉海产业的对接还不充分，保险资金对海洋经济的投资方向尚不明确等情况，建议宁波政府

有关部门根据本地的产业开发导向，进一步明确涉海产业产品目录，筛选出合适的产业产品作为开放保险资金的试点方案，从保险资金的金融支持角度解决海洋经济的风险控制问题。

搭建保险业与港口、航运、旅游等涉海行业的沟通交流合作平台，形成多向的信息交流机制，积累涉海保险的经验和基础数据，为加强保险业在投保、查勘、理赔环节的信息获取能力提供公正合理、互惠互利的保障机制。从本地实际出发，在调研市场需求的基础上因地制宜地推出各种海洋环境污染责任保险、海洋灾害险等保险品种，加大海洋保险推广实施力度，在部分海洋经济领域实施海洋强制保险，以降低海洋污染物排放及海洋自然灾害带来的不确定性影响，进而降低海洋金融的投资风险。

第九章 宁波海洋金融发展的体制机制保障

围绕宁波建设长三角南翼区域金融中心、上海国际金融中心重要组成部分的总体目标，通过金融体制机制改革与重构，通过金融服务和金融产品创新，基本建成适合于现代海洋经济的金融服务体系。为打造结构合理、特色鲜明、竞争力强的宁波现代海洋经济产业，为基本建成浙江省和长三角南翼海洋经济中心，为基本实现由"海洋经济大市"向"海洋经济强市"的历史性转变，为把我国建设成为海洋强国发挥先行示范作用。

第一节 政府职能改进和优化

一、转变政府投融资管理模式

针对目前政府投融资管理模式中存在的问题，建议从以下三方面进行改革：首先，明确政府定位和职能，建立和完善海洋投资宏观管理体制和调节机制。重点规范和完善政府投资决策管理机制；建立健全政府海洋公共项目规划和监管制度；为非经营性项目建立稳定、可靠的政府资金供给机制，完善以市场运作为基础的海洋投融资环境。其次，整合海洋资源，建立统一平台，放大财政资金的杠杆效应。整合政府现有的资产和资金资源，通过搭建统一的政府信用平台和资金管理平台，对财力相关的负债进行统一归口管理，确保资金良性循环，增强多元化融资能力，吸引战略投资者以及社会资金。最后，区分海洋项目性质，合理分工，强化投融资主体市场化运作能力。按照项目性质，分别明确投融资主体，按照市场化原则运作项目，增强投资主体风险防范与成本控制意识，实现海洋经济发展的可持续性。

二、加强财政资金引导

积极争取中央财政通过中央集中的海域使用金，通过财政计划单列，加大支持宁波海岸带与无居民海岛整治与修复、海洋管理和海洋生态保护的力度；积极争取国家对宁波沿海基础设施建设、生态环境保护和社会事业发展的支持。

同时，继续加大财政资金存量投入，加大重点领域财政投入力度。市财政已建立的海洋经济发展专项资金，应重点支持海洋公益性设施平台、海洋科技研发、海洋新兴产业、海洋生态环境保护、海岛基础设施等项目建设。每年根据项目情况，由市级相关部门提出意见，市财政统筹安排。市级相关部门各类涉海专项资金的安排使用要有效整合，突出重点，更好地满足海洋经济重大建设项目的需要。沿海各县市区要统筹财力，切实加强对本地区海洋经济发展的财政资金支持。各地所得的海域使用金要全额用于海洋事业和海洋经济发展。

三、强化区域政策导向

强化区域的组织协调，明确土地、海域、税收、金融、财政等区域政策导向，改善区域的投融资软硬环境，具体包括：

积极完善与兑现计划单列市管理权限的政策，创造条件下放审批权限，简化审批程序；建立"省部市"协调机制，借鉴深圳前海管理局的做法，由国家发改委牵头组建，国务院有关部门、浙江省、上海市和宁波市等各方参加的协调机制，帮助解决规划实施过程中涉及各市、各部门的相关问题。简化银、证、保、期等金融机构设立的审批程序和创业投资设立备案程序，尤其是跨行政区域金融机构设立的审批程序；争取市政债单列。

（一）积极争取先行先试政策

1. 财政政策

积极争取中央财政转移支付以及宁波市政府财政支持力度；进一步允许尝试地方市政债券的发行，争取一定额度的发行和管理规模。

2. 税收政策

赋予更为灵活的税收征管权限，积极试点海洋经济税收优惠政策，并逐步推开；争取启运港退税、海洋使用金返还与金融机构税收返还；通过增值税改革，争取降低增值税率。

3. 土地政策

开展"渔耕平衡"以及"飞地模式"试点，积极向国家争取适当调整土地利用总体规划控制指标，争取最大限度土地调配权限。

4. 海域政策

严格落实海洋功能区划和近岸海域环境功能区划管理，放开围海海域使用权限，支持宁波有条件围垦，积极争取"以岛养岛"政策落实，提升地方财力，同时探索建立海域使用权二级市场可行性方案。

5. 外汇政策

探索开展资本项目可兑换的先行试验，争取宁波成为继深圳前海和上海自贸区之后，又一个人民币资本项目可兑换的实验区，继续扩大跨境人民币业务试点与资本项目对外开放。

6. 外资政策

在《内地与香港关于建立更紧密经贸关系的安排（CEPA）》以及《海峡两岸经济合作框架协议（ECFA）》框架下，适当降低中国香港特区、中国台湾地区金融企业在宁波准入条件。

（二）进一步完善现有支持政策

1. 财政政策

对政府鼓励项目的开发投资者进行直接补贴。地方政府应在海洋经济、节能减排、海洋新能源发展、水利与保障房、临港基础设施等领域广泛使用投资补贴政策。对辖内政府鼓励的各类企业产品产量按规模进行补贴。对宁波市范围内的太阳能发电、风能发电、海潮发电等新能源领域的消费者进行补贴。更多地运用财政贴息方式支持技术创新、临港基础设施、海洋渔业、民生工程、海岛开发等领域的发展，试行"龙头企业＋研发基地＋银行授信＋财政贴息"的特色贴息方式。

2. 税收政策

从事农、林、牧、渔业项目所得，可免征、减征企业所得税；国家需要重点扶持的高新技术企业，减按15%的税率征收企业所得税；从事国家需要重点扶持和鼓励的创业投资，可以按投资额的一定比例抵扣应纳税所得额。符合条件的小型微利企业，减按20%的税率征收企业所得税。对单位和个人从事技术转让、技术开发业务和与之相关的技术咨询、技术服务业务收入，经市级税务机关批准，免征营业税；担保机构从事中小企业信用担保或再担保业务取得的收入（不含信用评级、咨询、培训等收入）三年内免征营业税；海洋渔业保险以及相关技术培训业务，渔业配种和疾病防治等取得的收入免征营业税。鼓励落实加热修井原油免税、灾害事故减免、中外合作油田免税以及税额扣除等优惠政策。

3. 金融政策

对新引进的金融机构，在办公选址用地、办理工商注册登记等方面给予尽可能的优惠和支持；建立吸引、留住、用好优秀金融人才的机制，在薪酬待遇、个人税收返还、子女入学等方面给予多种优惠政策；支持现有金融机构发展，推动宁波银行、鄞州银行等本土城市商业银行以及其他本土非银行类金融机构做大做强。降低新设金融机构的门槛与资本金要求，鼓励采用新设一级法人以及通过引入境内外战略投资者方式，对辖内金融机构进行并购新设；支持金融业务创新、金融市场创建和金融对外开放等重大改革与创新方面的先行先试。

4. 土地政策

在严格执行土地用途管制的基础上，允许在依法、自愿、有偿的原则下采用多种方式流转土地承包经营权，改革集体建设用地使用权取得和流转制度，试点开展建设用地指标和耕地占补平衡指标交易，及农村集体经营性用地使用权交易，促进集体土地使用权流转，带动土地要素市场建设。

5. 海域政策

在科学评估围填海工程选址、规模对周边海域影响的基础上，积极争取年度建设用海围填海计划指标；对列入国家和市重点的涉海工程、海洋保护等项目优先安排用海指标；完善海域使用权价值评估制度，鼓励设立多样化第三方合规评估机构体系。做好海域使用管理与土地使用管理的衔接，探索凭海域使用权证书办理项目建设。

第二节　投融资模式探索和创新

一、财政资金投入模式创新

设立海洋经济财政专项资金。进一步完善宁波市海洋经济发展专项资金管理办法。各县市区应根据当地实际，采取政府直接投资、资本金注入、投资补助和贷款贴息等方式使用专项资金。财政资金必须安排用于海岛基础设施建设、海洋产业转型升级、海洋科技、海洋生态环境保护及市政府批准的海洋其他项目。

设立企业品牌建设专项资金。重点对宁波全市的海洋科技企业品牌建设与广告投入给予奖励或补贴，采用贷款贴息、无偿资助、奖励等方式安排，企业单位可选择其中一种支持方式。通过财政专项资金多方式引导企业提高产品技术含量和档次，增强产品市场竞争力，鼓励辖区内的民营企业加快品牌建设，创建名牌产品、名牌服务、中国知名名牌、中国驰名商标等。

设立企业转型与升级专项资金。该专项资金支持重点为符合海洋产业调整和振兴规划要求，对经济结构调整有重大影响的新建、扩建和改建海洋项目。支持方式主要以企业为依托，以项目为载体，以贴息、补贴或奖励为手段，对符合条件的企业项目贷款给予贴息，或对企业以自有资金进行项目建设购置的技术与设备及兼并重组支付的费用，视同银行贷款予以补贴，以设备升级带动产品升级和技术升级。

设立海洋渔业专项准备资金。建议政府成立渔业专项准备资金，积极争取沿海县市区各级财政比例配套，加大对渔港、渔业资源、良种场、池塘等改造项目，以及渔民合作组织的扶持力度。大力支持开展现代渔业、平安渔业、渔业基础设施、渔业科技入户、水产疫病防治体系等项目建设。

二、直接投融资模式培育

大力鼓励直接投资，引入战略投资者。坚持政策扶持、政府推动、企业为主、市场运作、互利共赢的原则，企业可根据各自情况，自主选择产权（股权）转让、增资扩股、互相持股（控股、参股）、合资合作、技术引进、重组上市等方式引进国内外战略投资者，鼓励战略投资者兼并、收购控股企业或者独资办企业。同时，通过股权质押融资、定向募集等途径，为成长性企业扩大融资渠道，为创业投资基金、股权投资基金等提供完善的退出通道。

重点鼓励基金设立，培育多元化投资主体。借鉴北京、苏州、天津等地引导基金做法，支持创设发展母基金，作为政府引导基金和股权投资平台，支持以社会资本为主体设立支持宁波市海洋经济产业发展的系列化私募股权投资基金，运用双重放大的金融杠杆效应，充分发挥政府财政资金引导作用，并大力发展海洋新兴产业发展基金、港口产业基金、港口物流产业发展基金、海洋渔业发展基金、滨海旅游发展基金等多元化基金主体，形成基金合力，共同服务宁波海洋经济建设。

积极推行债务融资工具，力推债券与票据。结合海洋产业发展政策，加大对短期融资券、集合票据等债务融资的研究；发挥政府协调保障优势，理顺多个发行人之间、发行人与承销商之间、发行人与担保方之间等众多关系，提高集合票据等牵涉到多家企业捆绑发行债券的成功率；在市场发展初期，可采取贴息、提供担保费等资金补助的形式，提高企业债务融资的积极性；大力争取发行各类政府性债券，以及中央在发行地方债券时给予计划单列市更多额度上的倾斜。

大力支持企业上市融资，包括主板、中小板、创业板和新三板。抓住我国多层次资本市场加快发展和对外开放的机遇，把培育壮大上市公司梯队群体作为强化创新驱动、深化改革攻坚的重要着力点，全面推进海洋产业不同发展阶段的优质企业在规范运行的基础上，通过挂牌上市加快进入境内外资本市场。由市金融办牵头，其他部门配合，重点培育海洋经济上市企业群，优化与延展海洋经济的产业链。贯彻"储备一批、培养一批、上市一批"的总体方针，严格执行海洋企业上市推进的"发掘培育——方案确立——申报准备——审核发行"的工作流程。

三、间接投融资模式创新

完善推进供应链金融模式。利用宁波市建立的大宗商品交易中心以及打造"三位一体"港航服务体系，各级政府要联合多家金融机构，为区域内涉海型企业构建"无抵押无担保供应链融资"的新型融资模式，从松散组织经营模式向集中化专业化的供应链金融中心模式发展。

进一步鼓励融资租赁模式。引导组建新的融资租赁经营机构，尤其是中小企业融资租赁公司，提高中小企业融资租赁市场覆盖面，探索发展基础设施、公共建设项目与大型进口设备融资租赁，支持船舶与设备租赁等特色业务发展，探索"联合租赁、合作共赢"的企业合作模式。

积极采用小银团贷款模式。协助商业银行研发针对中小企业的"快捷贷"、"接力贷"、"联保联贷"、"循环贷"、"增值贷"等专项小银团模式，解决单个银行资金供给有限的矛盾，加大对海洋产业项目攻坚战的信贷支持力度，发挥"信息共享、风险分担、加强同业合作、降低交易成本"的独特优势。

努力探索纯网上融资模式。依据纯网上银行发展趋势与特点，鼓励具有真实商流的资金流借贷，利用网上交易的真实交易诚信程度，作为微金融贷款审核的依据，开创中小企业和个人网上、网下兼有的融资全新模式。协助并鼓励全市金融机构研究依托互联网技术，开展网上票据、网上追索、网上贷款、网上还款、三无贷款等相关技术手段。

四、混合投融资模式创新

1. 投资与贷款合作模式

通过政策引导，鼓励采用"投资+贷款"、"贷款+担保+投资"等组合投融资模式，支持各类政府引导基金或者产业引导基金管理中心与本地商业银行签署战略合作协议。

2. 桥隧模式

按照合作共赢思路，积极探讨在担保公司、银行和中小企业三方关系中导入第四方融资模式，包括风险投资或行业上下游企业。一旦贷款偿付发生困难，新加入的第四方按约定价格买入融资企业一部分股权，为企业带来现金流用以偿付银行债务。

3. 路衢模式

积极研究并试点主要以政府财政资金为引导，以债权信托基金为平台，吸引社会资金有效参与的中小企业融资形式。通过政府财政资金的引导、担保公司的不完全担保以及风险投资公司的劣后投资，借助于集合债权信托基金，实现对中小企业的融资支持。

4. 社会资本参与项目投融资模式

鼓励社会资本以多种投融资模式，如建造—移交（BT）、建造—经营—转让（BOT）、建造—出租—移交（BLT）、建造—拥有—经营（BOO）、建造—移交—经营（BTO）、开发—经营—移交（DOT）、重建—经营—移交（ROT）、重建—拥有—经营（ROO）、移交—经营—移交（TOT）、公共—私人—合营（PPP）、民间主动融资模式（PFI）参与海洋基础设施、海洋产业提升等建设。

第三节　投融资平台改革与创设

一、加强政府投融资主体改革

（一）改革的动因

首先，政府职能定位不明确，越位和缺位现象并存。市政府统管海洋公共项目投融资的全过程，决策、筹资、投资、支付、建设和还款等环节一把抓，随着海洋经济相关投资规模和复杂程度的增大，协调难度日益加大；宁波市政府对于全市发展宏观引导和中观调控的能力仍然存在一定局限，缺乏对投资、融资、建设和经营各环节独立评估的监督机制，不利于降低投资成本。

其次，缺乏能够真正有效承担市场化整体运营的政府投融资平台和市场主体。政府指定借款主体运作不够规范，未能将政府对外负债及相应资产纳入企业自身财务报表，实行企业化管理。部分政府性集团公司债务结构不尽合理，负债率过高，持续融资能力不足；政府投融资主体分散，资产规模相对较小，很难承担发行企业债券等多元化融资的任务；现有各集团公司背靠功能区分割而治，发展战略与模式单一，资源整合力度有限。

最后，市场化的投融资运作机制不够完善，在细化领域存在体制机制不顺畅问题。全市政府性债务偿还的现金流管理机制不够完善，尚未建立统一的还款资金来源回笼机制，存在多头举债现象，缺乏统一的风险控制体系，监管难度大。全市财政资金仅限于单个项目的使用或还款，缺乏相应的资本杠杆撬动机制。

（二）改革的要求

首先，转变政府职能的要求。根据全市海洋经济发展总体规划，未来一段时间宁波将深化政府管理体制改革，努力创建服务型政府，完善公共财政体制，调整和优化财政支出结构，从建设型财政转向公共服务型财政，加强和改进对海洋经济及产业投资的引导和调控。

其次，实现多元化投融资结构的要求。要进一步明确政府投融资主体的市场主体地位，使之真正具备资本运作和风险承担的能力，通过多元化投融资模式发挥对海洋经济发展的引导带动作用。

最后，转变经济运行方式和提升产业层次结构的要求。要积极培育和发展相应的主体，作为政府主动引导、参与海洋产业结构调整与发展的抓手，加大对海洋自主创新产业和重点海洋基础设施的投入，推动海洋经济可持续发展。

（三）改革的路径

相关投融资平台主要涉及五大投融资平台：宁波市工业投资集团、宁波市开发投资集团、宁波交通投资控股有限公司、宁波港集团、宁波城建投资控股有限公司。同时，其他还有宁波东部新城开发投资公司、县市区投融资平台以及以项目为载体的项目平台公司。结合宁波市现有的投融资平台资源以及服务海洋经济的思路，宁波市平台公司改革设想主要有以下三点：

第一，进行平台重组与整合。对现有融资平台按照大类进行系统重组整合，剥离非营利性资产，按照专业分工的原则，对宁波市本级平台做专业化整合，扩大承载投融资业务范围，按照市场化运作原则，将同一板块的公益性、经营性平台企业纳入统一的集团公司进行管理，打造成具有造血功能的融资平台，提高平台的盈利能力。

第二，适当注入政府其他资源。对现有政府资源进行统筹安排，壮大平台资本资产实力，将分散于行业管理部门的宁波市优质资产和优质企业股权尽快整合进相关市级融资平台公司，将有限资源集聚成团，盘活存量资产，最大限度地发挥其在产业整合、资本放大及公共服务方面的作用，提升对金融资本和社会资本的吸引力。

第三，借用资本市场做大做强。进一步统筹宁波港等已上市的本土龙头企业在海洋经济开发中的各要素资源，研讨采用资本市场借壳、增发注资等资本运作方式整合国有资源与相关投融资平台的可行性，提升宁波本土平台可持续造血功能。

二、新建政府投融资主体

坚持"政府引导、市场化运作、多元化融资渠道"的发展思路，新设符合本土海洋产业特点的投融资平台，逐步推动宁波海洋龙头公司上市，逐步形成"1+2+3"的政府投融资平台体系。

"1"是组建宁波市海洋投资公司。借鉴舟山群岛新区做法，组建宁波市海洋投资公司，可探索引入境内外战略投资者方式提升公司造血功能，在该平台下进一步组建海投公司控股的"风险投资"和"海洋产业投资基金"两大子平台公司，通过两大子公司，整合辖内各类海洋资源，以综合性投融资为主，把非经营性资产转化为经营性资产，建立偿还机制。对海洋基础设施，既可以市政基础设施使用费收入作为还款来源，也可通过政府采购产生现金流覆盖成本。

"2"是组建2个基金。组建宁波市海洋产业引导暨补偿基金。借鉴浙江省海洋产业引导基金做法，拓展传统引导基金不以营利为目的的经营理念，赋予引导基金具有海洋产业引导暨补偿功能，同时在业务上除了阶段参股、跟进投资之外，还可以考虑具有海洋产业直投业务，充分发挥引导基金的综合协同功能，通过创新引导基金的商业模式从而提升引导基金可持续发展能力。

设立"三位一体"港航服务产业发展基金。按照海洋经济"三位一体"发展思路，组建宁波市港航服务产业发展基金，主要针对宁波市港航服务产业具有全局性、基础性或者是对全行业具有公益性和公共服务性的项目以及大宗商品交易平台的基础设施项目进行投资。该产业发展基金可以涉及海工装备、海洋渔业、海洋旅游、港口服务等多元化海洋行业。

"3"是组建以下3家平台公司。组建宁波市沿海开发投资集团公司。借鉴江苏沿海开发投资集团有限公司做法，组建宁波市沿海开发投资集团公司，资金来源以整合宁波市级及沿海县市区现有经营性资产注入为主，市级财政、县市区地方财政现金出资为辅，发挥市级平台公司投融资优势，运用设立基金、直接投资等多种方式，发挥投资导向作用，支持沿海区域内重大基础设施、滩涂、围垦及其他重要产业项目建设，实现沿海地区资源的有效整合和科学合理开发利用。

整合设立宁波市旅游综合开发集团。以旅游综合开发集团为滨海旅游开发抓手，整合以海岛、海滩、海域、游艇、游轮、甬文化等为特色的旅游资源。积极并逐步推动旅游产业整体上市，充分借助资本市场力量，做大做强本土海洋旅游事业。

组建宁波市保障性住房投融资公司。借鉴湖北省长江产业投资集团有限公司的做法，建议组建宁波市保障性住房投融资公司，由宁波市负责贷款资金使用和项目具体实施，按照市场化运作模式，坚持统贷统还与进退有序原则，整合项目运作收益、土地出让收入、土地开发成本返还资金及相关财政专项资金作为还款来源，同时积极争取政策性银行的长期资金支持，加强对宁波市涉及海洋经济领域的人才房、保障房、棚户区改造等项目的投资。

第四节　民间资本引导和集聚

一、培育民间合法投资主体

贯彻落实国务院颁布的民间投资"新36条"精神，积极鼓励民间资本参与宁波大市范围的金融机构、准金融机构和新型金融服务类企业的发起设立和增资扩股。争取与"温州金融综合改革试验区"同等的试点权限，允许民资发起设立小型地方商业银行，允许民资发起设立村镇银行（社区银行）或通过增资扩股成为其控股股东；允许优秀小额贷款公司转型村镇银行时主发起人保留控股股东地位；争取国家有关部门的政策支持，简化审批程序，放宽条件限制，鼓励在宁波设立由民资举办的各类金融机构。注重民间资本阳光化以及民间资本转化的有效性，引导各类民间资本通过私募股权基金投资宁波的海洋基础设施产业，海洋高新技术产业、公共服务与民生设施三大领域。具体创新组织有：

海洋渔业小额贷款公司。借助宁波民间资本优势，降低小额贷款公司投资门槛，通过增资扩股、增发吸收、并购重组等形式支持有实力的民营企业设立海洋渔业小额贷款公司，适当提升贷款公司的融资杠杆，制定并落实小额贷款公司注册、发牌、管理及税收等方面的优惠政策。

甬系有限合伙人公司。在海洋产业发展领域，鼓励国有独资公司、国有企业、上市公司，尤其是有实力的民营企业与私人，发展成为合格的有限合伙人，允许经批准的本土 GP 机构在基金募集时，向其核准的宁波市辖内民间资本开放；采用"一事一议、一企一策"的方式，对合伙人在合伙企业中分得的投资收益所缴纳的所得税，就其地方留存的部分，可按照比例进行返还。

海岛开发股权基金。借助宁波市北仑、象山等海岛资源优势，遵照海岛总体规划以及"以岛养岛"的发展思路，进一步制定私募股权投资机构参与海岛开发的引导性优惠政策，积极吸收甬商民间资本出资主发起或参与设立海岛开发股权基金，以海岛功能为区分，着力增加对海岛开发的资金投入。

特色风险投资公司。借助宁波市海洋产业优势，积极吸收民间资本，成立船舶、旅游、风能、潮汐等特色产业风险投资公司。通过试点方式，积极争取将保险资金引导进入风险投资领域的政策突破。建立信用担保基金与引导基金，为保险机构、养老基金、大型企业、境外资本向海洋经济产业进行风险投资提供担保或增信。

专业性村镇银行。借助国家金融综合改革相关政策，要优先选择本地银行业金融机构作为主发起人，成立区域海洋专业性村镇银行；支持有条件的小贷公司转化为村镇银行，保持小贷公司大股东在转制为村镇银行中的主发起人地位，或者由大型企业直接作为主发起人成立村镇银行。

二、创新民资合作模式

通过创新民资合作模式把民间资本引入海岛开发、海洋基础设施建设、航道枢纽建设、水利和能源开发建设等海洋基本保障产业与保障房建设等领域。

拓宽民资进入通道。通过建立私募基金机构体系、金融对外开放、搭建资金结算与交易所市场体系、直接融资改革试验、金融组织创新、产品创新与离岸金融政策突破试点、母基金等方式拓宽民资开放通道。

吸引民资进入中小金融机构。鼓励和引导民间资本进入金融服务领域，允许民间资本兴办中小有特色的金融机构。通过落实中小企业贷款税前全额拨备损失准备金政策，简化审核程序，放宽最大股东的最低持股比例限制，鼓励试点把小额贷款公司转制成村镇银行或社区银行。

鼓励民资进入政府投融资平台。借助政府投融资平台清理的机遇，鼓励民间投资进入投融资平台公司，改善融资平台公司的股权结构。将原来以政府直接举债为主的投资方式，转变为由投资集团向社会融资，通过市场"放大效应"，形成多元投融资格局。

三、拓展民间资本投资领域

逐步稳固区外投资区域。坚持"优势互补、自主决策与市场导向"的原则，宁波市的民营企业实施"向西部地区转移生产加工能力、向其他东部地区进行市场扩张的'东扩西进'的产业转移战略"，积极实施与中西部货物运输的无缝对接战略，鼓励宁波民营企业与辖区外企业开展多种形式的资源与产业合作。

积极探索境外投资渠道。鼓励宁波市民营企业通过新设、购并、参股、再投资等方式，直接或通过在境外控股的企业进行境外投资，跳出宁波发展宁波，跳出宁波反哺宁波，提升民营企业的国际竞争力与品牌。对境外投资的审批要"从简、从速、从宽"，市外经贸局、市发改委要积极争取更多更宽境外投资审批权限的授权。

重点强化民资回归工程。鼓励在外发展并壮大的资本回乡投资创业，重点强化甬资回归工程，吸引广大海内外"甬商"企业总部回归，进一步加强同宁波区域以外"甬商"的联络联系，加强整合协调工作。建议加强与"甬商总会"联合，以进一步强化对海内外"甬商"及其组织的引导、协调，吸引"甬商"来宁波投资。

四、加强民间资本引导的制度建设

构建民间资本服务体系和对接平台。积极争取计划单列市产业政策、财税政策倾斜，出台扶持海洋产业民间投资和中小微企业的具体措施，努力破解"两多两难"问题。构建从创业融资、银行信贷、股权投资到资本市场退出的较为完整的民间资本服务体系，进一步降低民间投资和小微企业的成本，激发民间资本投资宁波海洋经济的热情。

研究培育财税政策体系。积极争取计划单列市财税政策对宁波的民营企业支持，激励民间资本进入海洋经济领域。财税政策可直接针对民间资本，也可针对涉海项目企业，使民间资本间接受益。具体可通过转移支付、补助、减免税、贴息贷款、财政贴息等优惠政策加以支持。全面清理和规范全市的企业收费，能减则减、能免则免、能缓则缓，切实减轻民营企业的负担。

大力发展中小企业融资体系。引导金融机构加大对民间投资的信贷支持力度，拓宽可供融资担保财物范围，创新中小企业的商业模式与商业银行的贷款模式；改进中小企业贷款风险补偿考核办法，完善中小企业贷款风险补偿资金使用办法。鼓励民营企业利用金融市场平台，通过定向增发、并购重组、发行企业债、短期融资券、中期票据等实现融资，探索推广中小企业集合票据模式。

完善民间资本退出机制。通过多层次资本市场的建立，创建民间资本投资的IPO、股权协议转让、股权回购、产权交易所与破产清算等多元化退出渠道，形成规范的民间资本退出机制。进一步研讨重建宁波市产权交易市场，拓展采用股权回购退出机制，逐步形成区域股权交易市场。

第五节　金融组织和金融服务创新

一、加强金融组织创新

成立推动海洋经济发展的专业性银行。作为计划单列市以及宁波—舟山一体化发展的重要主体，宁波也承担着引领浙江乃至长三角地区海洋经济发展的国家战略。因此，宁波要积极争取获得国家有关部门的支持，成立海洋特色鲜明的全国性股份制商业银行，发挥集聚全国资源，服务海洋经济的作用，支持东部沿海地区海洋经济发展。要加强与国家开发银行和进出口银行的合作，争取政策性银行尽早在宁波设立服务海洋经济的分行，加大政策性融资的规模，为宁波海洋经济建设提供中长期建设资金。

组建服务海洋经济的本土商业银行。宁波现有的银行业金融机构有 60 多家，但地方性比较有特色的银行家数不多。出于业务盈利的需要，金融机构普遍对海洋经济的巨大风险存有顾虑，很难满足宁波海洋经济发展与建设中的资金供给、融资产品创新等需要。因此有必要争取国家政策支持，在现有需要改制的银行基础上，积极引进国内外大型金融机构和有实力的社会资本，通过增资扩股、引入战略投资者，将其改制成为专业服务于海洋经济的地方性商业银行。

筹建海洋金融租赁公司。支持符合条件的金融机构、船舶制造企业或者外资作为主发起人设立海洋金融租赁公司，从事船舶租赁融资业务。积极开展厂商租赁、直租、售后回租等经营性租赁和融资性租赁业务，具体做法有：基础设施售后回租、二手设备售后回租。承担内容包括沿海城市公交、海洋工程机械、海洋环保能源、水务、医疗、船舶、临港一体化企业技改设备的融资租赁业务和经营性租赁业务。

筹建海洋信托公司。进一步支持本土信托公司做大做强，通过引入境内外战略投资者，整合设立海洋信托公司，主要为海洋能源、临港交通、基础设施行业国有大中型企业提供组合融资方案和信托融资服务，为海洋经济建设中宁波市大型社会投资机构和高端个人客户提供专业化、个性化组合投资服务。

筹建海洋担保公司。支持辖内各类担保公司做大做强，通过吸收国内外金融机构或民间资本扩充公司资本金规模，条件成熟可以整合资源改制发展成为专业的海洋担保公司，主要为宁波大市范围内的涉海企业，在向金融机构申请贷款、票据贴现、融资租赁等业务时提供信用担保。

发展农村互助担保合作社。农村互助担保合作社由成员出资，民主管理，为成员提供担保融资服务。互助担保金由成员出资共同组成，承担保证责任。商业银行按照一定杠杆率发放贷款，合作社通行的标准是银行信用杠杆率为1∶12.5，即银行按照合作社互助担保金的12.5倍发放贷款，而一般担保公司杠杆率仅为1∶5到1∶10。

发展农村保险互助合作社。进一步创新与发展农村保险互助合作社的商业模式及风控模式。保险互助社以村为基础，依托经济合作社的组织架构建立，由地方政府财政以及农村集体经济组织共同投入营运资金，农（渔）民通过投保成为社员，以农（渔）民互助互济形式共同抵御风险。互助社定位于通过保险互助的方式，为农（渔）民提供短期健康医疗保险、意外伤害保险和家庭财产险等保险服务。

二、加强金融产品创新

鼓励各类银行机构创新推出渔业小额信贷、海域使用权抵押贷款、船舶动产抵押贷款、企业重组并购贷款、外汇贷款、买方信贷等蓝色信贷产品；支持各保险机构推行政策性渔业保险，研究开发航运保险等涉海保险新品种；鼓励符合条件的企业发行中小企业私募债、海洋渔业高收益债券、短期融资券、中期票据、中小企业集合票据等债务融资产品，支持企业上市发行普通股与优先股、债转股等权益融资产品；重点强化宁波各企业对外汇远期、期货、期权、互换等避险与对冲型金融产品的使用。

三、推动金融管理发展

完善一行三局监管体系。积极争取计划单列市体制下"一行三局"的差别化、有倾斜的货币政策，在信贷额度、利率水平、再贴现、再贷款、窗口权限、优先权限等方面给予倾斜。

构建地方金融办管理体系。紧紧配合"一行三局"金融监管，努力通过"打通道、扩增量、创产品、抢基地、增补助、做渠道、搭平台"的管理体系构建，强化地方金融办的管理协调功能。

构建机构内部治理体系。要鼓励金融机构充实并改善内控设施，成立内控系统网络和相对集中的数据处理中心；支持金融机构修改并完善内控监测制度和备案制度等自我治理机制。

构建金融行业协会自律体系。赋予金融业同业公会具有行业保护、行业协调、行业监管、行业合作与交流等职能；坚持以例会、网络、简报、活动等深化行业交流，落实好银行保险季度例会制。

社会联合监管防范体系。以各级地方政府与社会信用网络为核心，构成有效的银行监管外部环境；全社会广泛参与的联合监管防范体系是建立现代金融监管体系的环境保障。

四、完善金融市场体系

建设民间资本投融资服务中心。主要完善海洋经济发展中重点企业和重点项目信息库，加强银行与企业和项目的信息共享，探索组建辖区海洋经济发展的投融资服务平台，引入多元化中介机构，为企业和资本架起沟通桥梁。

筹建区域内的产权交易所。推动筹建覆盖多种经济成分、多功能、多层次的综合性产权交易机构，通过宁波市国家高新区，加快设立产权交易所。

推动设立金融资产交易所。借鉴北京、天津、重庆金融资产交易所做法，研究以大宗商品仓单交易市场、船舶交易市场为基础，推动设立包含信贷资产、信托资产的登记和转让，组合金融工具的应用和交易，综合金融服务创新等业务在内的金融资产交易所，形成具有面对不同类型客户进行信息优化群发、交易记录连续持久、项目多点挂牌展示、价格配对撮合、权益关系服务递转等功能的金融资产流通转让中心。

鼓励大宗货物的金融化交易。在宁波市大宗交易中心现有商业模式基础上，推动大宗商品仓单的跨境结算、中远期、期货交易的发展，争取国内各大商品（期货）交易所在宁波市设立当地优势品种的商品期货交割仓库。

鼓励发展宁波市海外资金池市场。重点要放宽境内人民币资本市场对境外人民币投资的限制，引导宁波市的企业通过跨境人民币债券、海外上市、中外合资产业基金、中外合资风险投资基金等形式"走出去"，形成海外资金池，同时也要积极争取 GFLP 政策，通过GFLP+直投业务，吸引境外基金参与宁波海洋基础设施建设。

五、发展金融总部机构

发展区域性总部金融。结合宁波民间资本比较优势，借助甬商回归潮，设立"甬商创业园区"与"甬商金融总部商务区"，吸引宁波辖内的金融法人、金融监管、金融行政及其他区域性总部机构入驻。进一步推动宁波金融体系建设，通过引进全国性的政策性银行、股份制商业银行和优质城商行，新设股份制商业银行和未上市公司股权交易平台，增强金融系统整合区外资金和其他金融资源的能力，增加宁波市海洋经济发展与建设的金融供给。探索整合区域性金融服务体系及数据资源，把宁波市建设成为长三角地区南翼的民间资本管理中心、区域性资金结算中心、金融交易中心、金融后台服务中心等服务平台和后援基地。

发展全国性总部金融。设立全国金融总部商务区，鼓励国内银行、证券、保险、信托、期货、基金、融资租赁、货币经纪、财务公司等各类金融机构在宁波设立全国性第二总部或分支机构。强化"围绕产业做金融，做好金融促产业"意识，深入推进产融结合，不断优化金融区域生态环境，提升境内金融机构辐射能力。

发展境外总部金融。争取国家外汇管理局允许保税监管区域所在地的中资银行开办离岸金融业务，支持宁波梅山保税港区建设。积极争取人民币境外投资、境外人民币境内投资、人民币债券等业务在梅山保税港区试点。借助保税港区政策优势，建议设立境外总部金融商务区与境外资本总部离岸金融岛区，打造成为境外资本避税的天堂、离岸金融区与财富管理中心，鼓励各类境外金融机构或企业在保税港区设立地区总部、研发中心、采购中心、财务管理中心、结算中心以及成本和利润核算中心等功能性机构。

参考文献

［1］狄乾斌，王小娟，刘东元．金融危机对大连海洋经济发展的影响及对策研究［J］．海洋开发与管理，2010（9）．

［2］冯利娟．山东省蓝色金融发展与海洋产业结构升级关系初探［D］．中国海洋大学，2013（6）．

［3］宫进．国际干散货运家风险相关问题的实证研究［D］．上海海运学院硕士学位论文，2000．

［4］关昊．干散货国际航运市场及其波动周期研究［D］．复旦大学硕士学位论文，2009．

［5］姜旭朝，张继华．海洋金融国际前沿研究综述［C］．中国海洋经济评论，2009．

［6］孔令旦．广西船舶保险业务拓展问题研究［D］．广西大学，2013．

［7］李姣．海洋战略新兴产业金融支持体系研究［D］．中国海洋大学，2012（6）．

［8］李靖宇，任浍燕．论中国海洋经济开发中的金融支持［J］．广东社会科学，2011（5）．

［9］李莉，周广颖，司徒毕然．美国、日本金融支持循环海洋经济发展的成功经验和借鉴［J］．生态经济，2009（2）．

［10］李锐．强港建设助推海洋经济发展——机构创新为宁波港发展注入新动力［C］．金融护航海洋经济发展的实践与探索．中国经济出版社，2013．

［11］林晋民．保险制度对台湾海鳗箱网养殖生产决策之影响［D］．台湾太旺大学农业经济学研究所，2004.

［12］刘洪滨，刘振，孙丽．韩国海洋发展战略及对我国的启示［M］．海洋出版社，2013.

［13］吕靖，陈庆辉．海运价格指数的波动规律［J］．大连海事大学学报，2003，29（1）.

［14］聂琳琳，刘传哲，康安宝．后危机时代江苏沿海开发战略的金融支持［J］．经济导刊，2010（4）.

［15］宁波决策咨询网．http：//fz. ningbo. gov. cn/detail_24052_75. html.

［16］宁波港航管理局．http：//www. nbghj. cn/.

［17］钱志新．产业金融：医治金融危机的最佳良药［M］．江苏人民出版社，2010.

［18］乔俊果，朱坚真．政府海洋科技投入与海洋经济增长：基于面板数据的实证研究［J］．科技管理研究，2012（4）.

［19］［日］三宅哲夫．日本渔船保险的现状及对未来的展望［J］．中国水产，2000（12）.

［20］唐正康．我国海洋产业发展的融资问题研究［J］．海洋经济，2011（4）.

［21］唐正康．基于偏离份额模型的海洋产业结构分析——以江苏为例［J］．技术经济与管理研究，2011（12）.

［22］王新华．关于宁波航运业发展及金融支持政策的调研报告［R］．宁波市政府门户网.

［23］武靖州．发展海洋经济亟须金融政策支持［J］．浙江金融，2013（2）.

［24］熊德平．发展海洋金融支持海洋经济［N］．中国城乡金融报，2011，12（27）.

［25］忻海平．海洋资源开发利用经济研究［M］．海洋出版社，

2009.

　　［26］许道顺．支持海南省海洋经济发展的金融路径探索［J］．海南金融，2006（12）．

　　［27］姚剑峰，杨德利．金融相关率与我国海洋产业结构优化关系的实证研究［J］．浙江农业学报，2012（6）．

　　［28］俞立平．我国金融与海洋经济互动关系的实证研究［J］．统计与决策，2013（10）．

　　［29］杨子强．海洋经济发展与陆地金融体系的融合：建设蓝色经济区的核心［J］．金融发展研究，2010（1）．

　　［30］张林红，陈家源．国际航运市场运价定量预测方法［J］．大连海事大学学报，2001，27（4）．

　　［31］周昌仕，宁凌．现代海洋产业多元融资模式探索［J］．中国渔业经济，2012（4）．

　　［32］周传军．宁波海洋经济发展的金融支持对策［J］．宁波经济，2012（8）．

　　［33］浙商网，http：//biz. zjol. com. cn/05biz/system/2011/08/10/017753019. shtml.

　　［34］宁波政府网，http：//gtog. ningbo. gov. cn/art/2011/10/21/art_ 15847_ 872232. html.

　　［35］Alfred J. Baird, Vincent F. Valentine. Devolution, Port Governance and Port. Performance［J］. Research in Transportation Economics, Volume 17, 2007.

　　［36］Anrooy R. van, Secretan P. A. D, Lou Y, et al. . Review of the Current State of World Aquaculture Insurance［C］. FAO Fisheries Technical Paper, 2006.

　　［37］Anrooy R. van, Ahmad I. U, Hart T, et al. . Review of the Current State of World Capture Fisheries Insurance［C］. FAO Fisheries and Aquaculture Technical Paper, 2009.

［38］ Asteris M. Funding Aids to Marine Navigation in the EU: Competition And Harmonisation ［J］. Journal of Transport Economics and Policy, 2009 (2).

［39］ Arturo Israel. Issues for Infrastructure Management in the 1990s. Word Bank Discussion Papers, 1992, http: //books. google. com.

［40］ Balmford. The Worldwide Costs of Marine Protected Areas. Working Paper, 2004, http: //www. ncbi. nlm. nih. gov/pmc/articles/ PMC470737.

［41］ Barro R. J. Government Spending in a Simple Model of Endogenous Growth ［J］. Journal of Political Eeonomy, 1990.

［42］ Barro R. J. Determents of Eeonomie Growth: Across - Count Empirical Study ［M］. Cambridge. MA. MIT Press, 1997.

［43］ Barro R. J. Xavier Sale-I-Martin. Public Finance in Models of Economic Growth ［J］. The Review of Ecomomic Studies, 1992 (4).

［44］ Beck Thorsten, Levine, Ross. Finance and the Sources of Growth ［J］. Joural of Financial Economics, 2000, Oct/Nov.

［45］ Beck Thorsten, Levine, Ross. Stock Markets, Banks and Growth: Panel Evidence ［J］. Journal of Banking and Finance, 2004.

［46］ Bendall H. B. Stent A. F. Ship Invesment Under Uncertainty: A Real Option Approach (Working paper), 2004, https: //ourarchive. otago. ac. nz/handle/10523/1523.

［47］ Byrne. M., Sipsas. H., Thompson. T. Financing Port Infrastructure ［J］. International Advances in Economic Research, Vol. 2, 1996.

［48］ B. D. Wright, J. D. Hewitt. All Risk Crop Insurance: Lessons from Theory and Experience ［C］. Springer Netherlands, 1990.

［49］ Chen. Development of Financial Intermediation and Economic Growth: The Chinese Experience ［J］. China Economic Review, 2006 (17).

[50] Christopher J. Neely. Unconventional Monetary Policy Had Large International Effects, Working Paper, 2010, http: //research. stlouisfed. org/wp/2010/2010-018. pdf.

[51] Coffey, Baldock. Financing Environmentally Sensitive Fisheries in the EU [M]. Written and Published by the Institute for European Environmental Policy, London, 2000.

[52] Dianne Draper, Bruce Mitchell. Environmental Justice Considerations in Canada [J]. The Canadian Geographer / Le Géographe canadien, Vol. 45, March 2001.

[53] Domeier et al. . Transforming Coral Reef Conservation: Reef Fish Spawning Aggregations Component [J]. Spawning Aggregation Working Group Report. The Nature Conservancy, Hawaii, April 22, 2002.

[54] Development Data Group of The World Bank. World Development Indicators [M]. Green Press Initiative. Washington, 2001.

[55] Dikos. G. Decision metrics: Dynamic Structual Estimation of Shipping Investment Decisions [D]. Unpublished PhD Thesis. MIT, Cambridge, 2004 (5).

[56] D. J. Eyres, M. Sc, F. R. I. N. A. Ship Construction (6th Edition) [M]. Copyright © i. Elsevier Ltd., 2007.

[57] Edgar A. Ghossoub, Robert R. Reed, The Stock Market, Monetary Policy and Economic Development, Working Paper, 2009, https: //ideas. repec. org/p/tsa/wpaper/0071. html.

[58] Fry Maxwell A, Fuller Wayne A. Money, Interest and Banking in Economic Development [M]. Johns Hopkins University Press, 1988.

[59] Gallegos, Vaahtera, Wolfs. Sustainable Financing for Marine Protected Areas: Lessons from Indonesian MPAs Case Studies: Komodo and Ujung Kulon National Parks (Working Paper). Environmental & Resource Management (ERM). Vrije University. Amsterdam, 2005, ht-

tp：//www. pdports. co. uk.

［60］ Greenwood J. , Smith B. D. Financial Markets in Development and the Development of Financial Markets ［J］. Journal of Economic Dynamics and Control, 1997.

［61］ Granger C. W. Developments in the Study of Cointegrated Economic Variables ［J］. Oxford Bulletin of Economics and Statistics, 1986.

［62］ Goldsmith R. W. Financial Strueture and Development ［M］. NewHaven：Yale University Press, 1969.

［63］ Grossman G. M. , HelPman E. Quality Ladders in the Theory of Growth ［J］. Review of Eeonomic Studies, Vol. 58, 1991.

［64］ Gupta K. L. Aggregate Savings, Financial Intermediation and Interest Rate ［J］. Review of Economics and Statistics, Vol. 69, 1987.

［65］ Hongying Wang. Informal Institutions and Foreign Investment in China ［J］. The Pacific Review, Vol. 13, 2001.

［66］ Israel, Danilo C. , Roque, Ruchel Marie Grace. Toward the Sustainable Development of the Fisheries Sector：An Analysis of the Philippine Fisheries Code and Agriculture and Fisheries Modernization Act ［R］. Discussion Paper Series, No. 99−01, 1999.

［67］ JimMi Jimmy NG, Baris Soyer, Richard Aikens. Reforming Marine and Commercial Insurance Law ［J］. The Asian Journal of Shipping and Logistics, Vol. 06, 2010.

［68］ John Kurien , Antonyto Paul. Social Security Net for Marine Fisheries. Working Paper, http：//econpapers. repec. org/paper/indcd-swpp/318. htm.

［69］ J. L. Harwood J., R. Heifner, K. Coble, J. Perry. A Somwaru. Managing Risk in Farming：Concepts, Research, andAnalysis ［M］. Market and Trade Economics Division and Resource Economics Division, Economic Research Service, U. S. Department of Agriculture. Agricultural

Economic Report, No. 774, March 1999.

[70] Kingsley, Jeremy. Braekhaus & Rein Handbook on P&I Insurance [M]. Published by Gard, Arendal, Norway, 1988.

[71] Karmakar K. G, Banerjee G. D. Value Addition by the Marine Fisheries Sector (Working Paper), 2009, https: //ideas. repec. org/p/ess/wpaper/id2141. html.

[72] King, Robert, Ross Levine. Finance, Entrepreneurship and Growth: Theory and Evidence [J]. Journal of Monetary Economics, Vol. 32, 1993.

[73] Levine, Ross. Finance and Growth: Theory, Evidence and Mechanism. Working Paper, Mar 18, 2003.

[74] Levine R. Financial Development and Economic Growth: Views and Agenda [J]. Journal of Eeonomic Literature, Vol. 35, Jun, 1997.

[75] Levine, Zervos. Stock Market, Banks and Economic Growth [J]. American Economic Review, Vol. 82, 1998.

[76] MacGillivray. MacGillivray & Parkington on Insurance Law [M]. Published by: Wiley. 8th Edition, 1988.

[77] Mark Winskel. Policymaking for the Niche: Successes and Failures in Recent UK Marine Energy Policy (Working Paper). Institute for Energy Systems, University of Edinburgh, 2007, http: //scholar. google. com/.

[78] Miranda, Glauber. Systemic Risk, Reinsurance, and the Failure of Crop Insurance Markets. American Journal of Agricultural Economics, Vol. 79, No. 1. Feb, 1997.

[79] Mizutani, K. Shoji. A Comparative Analysis of Financial Performance: U. S. and Japanese Urban Railways [J]. International Journal of Transport Economics, Vol. 24, 1997 (2).

[80] Noussia. The Principle of Indemnity in Marine Insurance Contracts [M]. Springer Berlin Heidelberg, 2007.

[81] Naresh R. Pandit, Gary Cook. The Benefits of Industrial Clustering: Insights from the Financial Services Industry at Three Locations [J]. Journal of Financial Services Marketing, Vol. 7, 2003.

[82] Pandilt N. R. , Gary A S, Cook G M, Peter Swann. The Dynamic of Industrial Clustering in British Financial Services [J]. The Service Industrial Journal, Vol. 21, 2001.

[83] Pandilt N. R., Gary A. S., Cook G. M., Peter Swann. A Comparison of Clustering Dynamics in the British Broadcasting and Financial Services Industries [J]. International Journal of the Economics of Business, Vol. 9, 2002.

[84] Philippe Boisson. Classification Societies And Safety At Sea: Back To Basics To Prepare For The Future [J]. Marine Policy, Vol. 18, 1994.

[85] Paul Watchtel. How Much Do We Really Know Growth and Finance [J]. Economic Review Of Federal Reserve Bank of Atlanta Conference On Finance And Growth, November 15, 2002.

[86] Philip Arestis, Panicos O. Demetriades, Kul B. Luintel. Financial Development and Economic Growth: The Role of Stock Markets, Journal of Money, Credit and Banking [M]. Ohio State University Press, 2001.

[87] Pugh, Skinner. A New Analysis of Marine-related Activities in The UK Economy with Supporting Science and Technology [R]. IACMST Information Document, No. 10, 2002.

[88] R. I. McKinnon. Money and Capital in Economic Development [J]. World Development, Vol. 2, 1974.

[89] Rousseau. P. L., Wachtel. Inflation Threshold and the Finance-growth Nexus [J]. Journal of International Money and Finance, Vol. 21, 2002.

[90] Raymon Van Anrooy. Review of the Current State of World Capture Fisheries Insurance [R]. Rome : Food and Agriculture Organization of the United Nations, 2009.

[91] Raymon Van Anrooy. Review of the Current State of World Aquaculture Insurance [R]. Rome : Food and Agriculture Organization of the United Nations, 2006.

[92] Scholtens B., Wensveen D. A Critique on the Theory of Financial ntermediation [J]. Journal of Banking & Finance, Vol. 24, 2000.

[93] Syriopoulos. T. C. Chapter 6 Financing Greek Shipping: Modern Instruments, Methods and Markets [J]. Research in Transportation Economics, Vol. 21, 2007.

[94] Simon X. B. Zhao, Li Zhang and Danny T. Wang. Determining Factors of the Development of a National Financial Center: the Case of China [J]. Geoforum, Vol. 35, 2004.

[95] Shaw. E. S. Financial Deepening in Economic Development [M]. NewYork: Oxford University Press, 1973.

[96] Spergel, Moye. Financing Marine Conservation: A Menu of ptions (Working Paper). Center for Conservation Finance. Washington, D. C. 2004, http: //www. worldwildlife. org/conservationfinance.

[97] Wright, Hewitt. All-Risk Crop Insurance: Lessons from Theory and Experience [J]. Natural Resource Management and Policy, Volume 4, 1994.

[98] Wang. E. C. A Production Function Approach for Analyzing the Finance-growth Nexus: the Evidence from Taiwan [J]. Journal of Asian Economics, Vol. 23, 1999, http: //www. abports. co. uk/.

图书在版编目（CIP）数据

海洋金融：宁波发展路径研究/朱孟进，刘平，郝立亚著. —北京：经济管理出版社，2015.11

ISBN 978-7-5096-4002-9

Ⅰ.①海… Ⅱ.①朱… ②刘… ③郝… Ⅲ.①海洋经济—经济发展—金融支持—研究—宁波市 Ⅳ.①P74 ②F832.755.3

中国版本图书馆 CIP 数据核字（2015）第 244891 号

组稿编辑：贾晓建
责任编辑：贾晓建
责任印制：黄章平
责任校对：赵天宇

出版发行：经济管理出版社
　　　　　（北京市海淀区北蜂窝 8 号中雅大厦 A 座 11 层　100038）
网　　址：www. E-mp. com. cn
电　　话：（010）51915602
印　　刷：北京易丰印捷科技股份有限公司
经　　销：新华书店
开　　本：880mm×1230mm/32
印　　张：7.25
字　　数：200 千字
版　　次：2015 年 11 月第 1 版　　2015 年 11 月第 1 次印刷
书　　号：ISBN 978-7-5096-4002-9
定　　价：30.00 元